以科学的方式探索大自然的神奇　爱上化学不再需要借口

美丽的化学元素

The Beauty of Elements

吴尔平 ◎ 著

人民邮电出版社
北 京

图书在版编目（ＣＩＰ）数据

美丽的化学元素 / 吴尔平著. -- 北京 ：人民邮电
出版社，2023.1
ISBN 978-7-115-60058-5

Ⅰ. ①美… Ⅱ. ①吴… Ⅲ. ①化学元素－普及读物
Ⅳ. ①O611-49

中国版本图书馆CIP数据核字(2022)第172618号

内 容 提 要

人们都曾好奇过世间万物是由什么构成的。历史上的科学家们在付出了几百年的努力之后，终于将构成万物的基本单位
——一个个化学元素从自然界中寻找出来并排列规整，得到了现在家喻户晓的元素周期表。但是我们在接触元素周期表的时
候，往往看到的都是枯燥的文字和数据，因此许多人也梦想着一睹这些"世界的基石"的真容。

在这本书中，作者将一一展现他收藏的几百件精致的化学元素样品，从一碰到水就会发生剧烈反应的铯，到性质稳定、
色泽金黄耀眼、被用于制作珠宝首饰的金，再到会强烈腐蚀所触及的一切物质的氟。这些元素样品都被作者拍摄成精美的
照片并配以生动的文字讲解，能让你在观察到它们令人震撼的外表的同时，了解这些有趣的样品是如何制成的，从而更深
入地理解化学元素。

本书包含数百幅化学元素样品照片，对于化学爱好者、正在学习化学的学生来说都是非常有价值的课外参考资料。

◆ 著　　　　　　吴尔平

责任编辑　刘　朋

责任印制　陈　犇

◆ 人民邮电出版社出版发行　　北京市丰台区成寿寺路 11 号

邮编　100164　电子邮件　315@ptpress.com.cn

网址　https://www.ptpress.com.cn

中国电影出版社印刷厂印刷

◆ 开本：889×1194　1/20

印张：12　　　　　　　　　2023 年 1 月第 1 版

字数：479 千字　　　　　　2024 年 8 月北京第 10 次印刷

定价：89.90 元

读者服务热线：**(010)81055410**　印装质量热线：**(010)81055316**
反盗版热线：**(010)81055315**
广告经营许可证：京东市监广登字 20170147 号

免责声明

　　本书中提及的所有实验操作都伴有不同程度的危险，操作不当可能会给实验者和其他人带来伤害。严禁在没有专业人士陪同时以及非实验场所模仿书中的任何操作。

　　除了实验之外，作者建议在条件许可的情况下，尽量在接触任何样本的时候戴上手套以隔绝样本和皮肤的直接接触，并及时用纸巾或柔布擦除样本表面沾染的污渍。

序 一

  2019年是联合国设立的"国际元素周期表年"，中国化学会组织了一系列科普活动，以促进公众对元素和元素周期律的了解。我非常希望推出一些化学元素主题的纪念品，直观地展示元素的美丽与魅力。我对几位从事化学研究工作的朋友讲了这个想法，一个朋友说："你一定要认识吴尔平！他是一个元素狂人，从中学就开始收集各种化学元素的样品，拍摄了许多非常精美的元素样品照片。"

  踏破铁鞋无觅处，得来全不费工夫。我很快就和吴尔平取得了联系。他毫不犹豫地支持了我的想法，不久就非常慷慨地发来他拍摄的很多元素样品照片。我们选取了一些照片，又请他配上文字说明，制作了2019年台历，分发给学会会员，大受好评。

  吴尔平用特殊的拍摄手法，把一些连化学工作者都没有机会见到的宝贵样品以非常独特的角度呈现了出来，用精美且风格统一的照片让我们再一次领悟到了化学元素的美丽。他拥有的样品、知识资源是非常宝贵的，是一些我们在其他的科普作品中没有机会接触到的。如今经过他的努力，这本书的内容已经非常丰富，各种化学元素活灵活现地呈现在纸上，让读者在感叹大自然的神奇之余，更会爱上化学这门神奇的学科。

  我很高兴地看到痴迷元素的吴尔平能够成为中国化学会的一员，更向他通过出版的方式向更多的人展示元素之美表示祝贺！他用摄影这种独特的方式，把元素和化学的魅力传达给还不太了解元素和化学或者刚刚开始接触元素和化学的青少年。对于开始学习化学的学生来讲，这本书对于他们拓展课外化学知识大有裨益。

郑素萍

中国化学会常务副秘书长

序 二

2016年初，我收到吴尔平发来的一封邮件，当时他还是一名高中生。他在邮件中介绍了自己收集化学元素的爱好以及对化学的热爱，并且附带了几张他拍摄的元素样品照片，样品和照片的质量都非常出色。这封邮件让我对这名高中生充满了好奇。从那时开始，我和吴尔平一直保持着联系。

这本书的创作极富挑战。除了文字写作，书中的所有照片都是由吴尔平自己拍摄的，而且除了个别几个样品，其他所有样品是他用10多年的时间从世界各地收集来的。所以，当他询问是否可以到美丽科学用显微摄影设备完善他的插图时，我欣然答应，希望能助他一臂之力。随后几年，他在每个假期都来美丽科学拍摄元素样品照片。我都会向他询问书籍创作进展，他每次的回答都很类似：还有一些样品在路上，有些样品和照片还不够好，需要进一步优化。就这样6年多的时间过去了，他已经硕士毕业并走上工作岗位。看到这本追求极致的图书终于完稿，我为他感到高兴。

本书既是一本展现化学元素之美的画册，也是一本包含大量化学元素知识和收藏者感受的科普图书。相信这本精美的图书一定可以激发读者对化学的兴趣，也希望吴尔平追求极致的做事态度能激励更多的年轻人坚韧不拔地追求自己喜欢的事业和方向。

梁琰
中国科学技术大学艺术与科学研究中心副主任
美丽科学创始人

前　言

　　和正在阅读这本书的你一样，我也是一位化学爱好者。我记得当我还是一个在学习化学的学生的时候，曾接触课本中的元素周期表。那时，老师告诉我，它的每个格子里面的元素都是构筑我们这个世界的砖石，我们在生活中可以接触的实物的构成成分都可以追溯到元素周期表这一完整的体系中的各种元素那里。那么，这些元素都是什么样子的呢？我想这应该是包括我在内的许多人曾经感到好奇的问题。怀揣着对这个问题的答案的渴求，我开始接触各种各样的化学元素单质，从此便走上了探索化学世界的旅程。

　　慢慢地，我收集了一些纯净的元素样品。后来通过自己的努力，我有了一套"看得过去"的元素收藏。在不断寻找、发现更精美的样品的过程中，我接触了各种形态的元素单质，它们有的来自我们生活中触手可及的事物，有的来自工业生产和科学实验。

　　当你真正接触纯净的元素单质样品时，你一定会叹服这些元素的独特性质导致它们在一定的条件下形成的结晶：这些结晶的形态各异，光亮平整的表面丝毫不输于璀璨的宝石，分明的棱角看上去像是经过珠宝匠的巧手精心雕琢出来的。总之，纯净元素的美丽很难用简短的语言描述出来。

　　然而，大多数纯净的元素单质最早都不是作为艺术品被生产出来的，而是在生产出来之后被添加在合金中，或者被重新熔化后加工成一定形状的零件。因此，这些样品很少被保留下来。幸运的是，我们现在还能够看到许多美丽的样品。你在本书中所看到的绝大多数样品都来自我的收藏，而它们只是我所有收藏中的一小部分，被收纳、陈列在我的几个不同居所里。在欣赏它们之余，我一直希望能和更多的人去分享、展示这些来自大自然的奇迹。

　　后来，终于有机会了。2016年，我在拜访梁琰老师的时候，无意中在他的实验室里用显微镜观察到了当时我的手边的一些样品。原本细微、精致的结晶结构被放大之后无比让人震撼。当然，一些非结晶形态的元素单质在显微镜下的图像也十分

精美。在惊讶之余，我开始思考通过显微摄影的方式展现这些神奇的元素单质是不是一个好主意，答案是肯定的。

我在很早以前曾思考过，对于刚刚接触化学的学生来说，究竟什么会吸引他们，让他们觉得化学是有趣的？这是我对自己的作品的定位，我希望通过自己的努力，让更多的学生在刚刚接触化学的时候能够受到启迪，鼓励他们继续在这个奇妙的世界中进行探索。多年来通过和其他元素收藏爱好者的交流和学习，我发现还没有一部作品通过显微摄影展示元素单质震撼人心的一面并讲述它们背后的故事，这就是我写这本书的初衷。

除了介绍这些有特色的样品之外，我还讲述了我与各种元素打交道时的见闻和感想。书中所有的文字、元素样品的拍摄及照片的后期处理都由我一人独自完成，这不是一项轻松的任务，但是我很享受这个过程。

当然，我曾经也是一名学生，一名在接触和学习这些知识的时候产生了一些困惑的学生。后来通过自己深入的学习以及与一些从事相关工作的人士的交流，我的很多困惑都解开了。我现在把它们都写在了这本书里，希望对你了解这些元素有一些帮助。我也是从零开始学习的，很清楚这个过程是什么样。趁着那种感觉还没有被淡忘，我想把它记录下来。除此之外，我还在书里介绍了一些实验，讲述了一些有趣的结晶样品是如何制作的。

这本书从某个角度来讲也是一部影集，和其他摄影作品不同的是这是一部有着科普意义的影集。我想把它作为一个对自己进行了近10年的元素收藏的总结。我希望你们在阅读这本书的时候能够以独到的视角重新审视"化学元素"这个概念，并感受到元素的魅力所在。当然，也希望你们能和我在创作这本书的时候一样感受到这个世界的奇妙。

吴尔平
2022年6月

目　录

这些金属元素的性质活泼，很少能以稳定的单质形态出现。尽管这是一些我们耳熟能详的元素，但很少有人能一睹它们的真容。

从古罗马人使用的铅质水管到拿破仑三世招待尊贵客人的铝盘子，这些元素大多早就被人们发现和利用了，我们经常能在历史故事中看到它们的身影。

这些元素处于从金属向非金属过渡的地带，因此它们的单质失去了金属光泽，却换来了更丰富的颜色、形态以及质感。

人们提及的稀土元素其实在地壳中的储量并不稀少，只是它们大多分布得十分稀散且混杂共生在一起，这是由它们之间相似的性质导致的。

这些元素是当之无愧的明星，它们具有不同的优良性能，应用在我们生活中的各个方面。不管是你熟悉的还是陌生的领域，总有它们大展拳脚的舞台。

它们是典型的金属元素，为人类文明的发展服务了几千年，而它们最简单的用途就是用来制造货币。

作为地壳中含量最少、性质最稳定的金属元素，贵金属被人们给予了最多的关注，用来定义高贵和进行投资。这些元素的性质的确能让它们胜任这些工作。

元素周期表包含了形形色色的元素，其中不乏一些我们难以接触和辨别的元素，其中有的是无色的气体，有的则是十分危险的存在。

为什么叫作"化学元素"

从古至今，人们从来没有停下过追寻物质究竟由什么构成的脚步。幸运的是，我们生活在一个不错的年代。过去科学家的研究成果让我们今天能够用一套完整、合理的理论去研究世界万物。在这之前，古人对于构成物质的元素和我们有着不同的观念。

古巴比伦人和古埃及人把水、空气和土看作构成世界的元素，印度出现了四大种学说，中国出现了五行学说（就是我们熟悉的金、木、水、火和土）。最广为人知的是亚里士多德[1]提出的四元素说，他认为世界上万物的本原乃是四种原始性质——冷、热、干、湿，而不同的元素只是它们按照不同比例组合而成的。

当然，今天看来，这些理论都有许多不完善的地方，人们发现用这些理论很难解释一些复杂物质的构成——或者它们并没有按照这些理论指出的方式分解。1789年左右，拉瓦锡[2]对这些学说提出了怀疑，把当时用化学方法无法再分解的物质定义为元素。这时出现了"化学元素"的概念，而严谨的实验也成为了研究构成物质的元素的手段。

然而，这个概念还是比较含糊的，它无法区分"化学元素"和"元素单质"。例如，无法用化学手段分解的石墨和金刚石按照这种概念会被认定成两种元素。不过解决这个问题也很简单，可以用"一种化学元素不会转化成另外一种化学元素"来让元素的定义变得相对严谨（刚才提到的石墨和金刚石在某些条件下可以互相转换）。

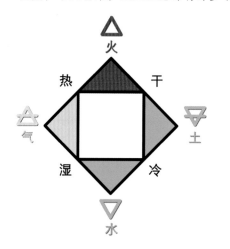

▲ 按照亚里士多德的四元素说，水、火、土、气这四种基础的元素是由冷、热、干、湿这四种原始性质两两混合后得到的。

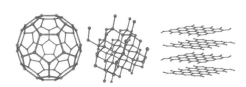

▲ 通过不同的排列方式，碳原子可以形成多种同素异形体，从左至右依次为碳60（即足球烯）、金刚石和石墨。

后来，科学家深入研究了物质的结构，发现了构成物质并使它们能够拥有自己的性质的基本单位。同时，他们也意识到了这些基本单位的不同结构是决定物质在化学反应中具有不同性质的关键。至此，化学元素的概念才最终被完善，成为了解释我们周围一切物质构成的工具。

[1] 亚里士多德（公元前 384 — 前 322），古希腊人，世界古代史上伟大的哲学家、科学家和教育家之一。
[2] 安托万·拉瓦锡（1743 — 1794），法国贵族，著名化学家、生物学家，被后世尊称为"近代化学之父"。

再来说说什么是化学元素

化学元素在现实世界中无处不在，它们是组成大自然的"积木"。这些元素以不同的组合方式形成了多种多样的化合物，从而构成了我们周围环境中的一切事物。从纯净的金属制品到复杂的生命体（包括现在正在读书的你），这些事物的成分或简单或复杂，但它们都是由某些化学元素组成的。

这听上去像是一个复杂的工程。没错，化学就是研究这些元素如何形成化合物，以及一些化合物之间会发生什么样的反应的。就像组装乐高[1]玩具一样，你一开始可能会面对一堆零件毫无头绪。而此时化学原理是"图纸"，元素周期表则是"零件库"。参考它们，你就会知道如何组合这些"零件"，从而得到你想要的结果。

让我们来看看元素。构成物质的最基本的单位是原子，而原子的核心决定元素的性质。只要原子核没有发生变化（化学反应不会涉及原子核的变化），我们就可以随时通过化学手段让化合态的元素变回单质，而元素单质是仅由该种元素的原子组成的纯净物。比如，我们可以通过化学反应，由水（H_2O）和甲烷（CH_4）两种不同的化合物得到氢气（H_2），这两份氢气具有完全一样的化学性质，因为它们都是由氢原子以同样的方式构成的，尽管这些氢原子来自不同的化合物。

因此，我们目前对化学元素的定义是"具有相同的核电荷数（即质子数，这保证了它们具有相同的化学性质）的一类原子"，它们是进行化学反应的基本要素。

科学家在发现了各种元素之后，依据它们的性质、结构规律对它们进行归类、排布，于是就有了元素周期表。我们生活中所有触摸得到的东西都可以回溯到元素周期表的一个个单元格里面。

1 氢 H					
3 锂 Li	4 铍 Be				
11 钠 Na	12 镁 Mg				
19 钾 K	20 钙 Ca	21 钪 Sc	22 钛 Ti	23 钒 V	24 铬 Cr
37 铷 Rb	38 锶 Sr	39 钇 Y	40 锆 Zr	41 铌 Nb	42 钼 Mo
55 铯 Cs	56 钡 Ba	57-71 La-Lu	72 铪 Hf	73 钽 Ta	74 钨 W
87 钫 Fr	88 镭 Ra	89-103 Ac-Lr	104 铲 Rf	105 𬭊 Db	106 𬭳 Sg
	57 镧 La	58 铈 Ce	59 镨 Pr	60 钕 Nd	
	89 锕 Ac	90 钍 Th	91 镤 Pa	92 铀 U	

[1] 乐高是一家位于丹麦的塑料积木玩具公司，它的产品可通过玩家自己动脑动手，组合出变化无穷的造型。

元素周期表

下图就是我们所熟悉的元素周期表。这本书主要介绍稳定化学元素，即前83种元素[排除有放射性的锝（43）和钷（61）]，所以我会把主要文字放在它们上面，剩余的元素则略过。在通常情况下，有些元素并不以固态存在（比如一些气体元素），或者由于特殊原因，我们无法获得可以在显微镜下拍摄的某些元素的样品，因此我也将它们当作次要内容一笔带过。由于处于同一族的元素具有相近的性质，会形成外观相似的样品，所以我会把它们放在一起进行对比和讲解。在本书中，我将以一种在其他科普作品中从未出现的独特方式对这些可爱的元素进行分组介绍。

											2 氦 He
						5 硼 B	6 碳 C	7 氮 N	8 氧 O	9 氟 F	10 氖 Ne
						13 铝 Al	14 硅 Si	15 磷 P	16 硫 S	17 氯 Cl	18 氩 Ar
25 锰 Mn	26 铁 Fe	27 钴 Co	28 镍 Ni	29 铜 Cu	30 锌 Zn	31 镓 Ga	32 锗 Ge	33 砷 As	34 硒 Se	35 溴 Br	36 氪 Kr
43 锝 Tc	44 钌 Ru	45 铑 Rh	46 钯 Pd	47 银 Ag	48 镉 Cd	49 铟 In	50 锡 Sn	51 锑 Sb	52 碲 Te	53 碘 I	54 氙 Xe
75 铼 Re	76 锇 Os	77 铱 Ir	78 铂 Pt	79 金 Au	80 汞 Hg	81 铊 Tl	82 铅 Pb	83 铋 Bi	84 钋 Po	85 砹 At	86 氡 Rn
107 铍 Bh	108 镙 Hs	109 䥑 Mt	110 鐽 Ds	111 轮 Rg	112 鎶 Cn	113 钦 Nh	114 鈇 Fl	115 镆 Mc	116 鉝 Lv	117 础 Ts	118 鿫 Og
61 钷 Pm	62 钐 Sm	63 铕 Eu	64 钆 Gd	65 铽 Tb	66 镝 Dy	67 钬 Ho	68 铒 Er	69 铥 Tm	70 镱 Yb	71 镥 Lu	
93 镎 Np	94 钚 Pu	95 镅 Am	96 锔 Cm	97 锫 Bk	98 锎 Cf	99 锿 Es	100 镄 Fm	101 钔 Md	102 锘 No	103 铹 Lr	

原子是什么

我们刚刚讲清楚什么是化学元素，什么是元素单质。这两个概念都涉及原子，那么我们现在来说说原子。在某些时候，从原子到单质还不是一步之遥。这些原子有时会相互组合成更大的集团——分子，然后由分子构成单质。不过，决定一种元素的化学性质的根本还是原子。比如，石墨和金刚石是由碳（C）原子以不同排列方式构成的，它们的外观和物理性质有些差异，但是经过充分燃烧，它们都会变成二氧化碳（CO_2）。

人们在研究原子的时候曾设计过很多模型，去猜想它的结构。目前最广为接受的说法是原子由一个致密的原子核和若干围绕在原子核周围的电子构成，而原子核是由质子和中子构成的。我们来看看这三种更小的粒子和原子结构示意图。

- 带一个单位负电荷的电子（e），其质量约为9.109×10^{-31}千克。
- 带一个单位正电荷的质子（p），其质量约为1.673×10^{-27}千克。
- 呈电中性的中子（n），其质量约为1.675×10^{-27}千克。

◀ 原子结构示意图。蓝色的散点为电子可能出现的位置，红点为原子核的位置，真正的原子核要小得多。

这个示意图和我们经常看到的电子在一个个轨道上运动的模型不太一样，这里电子以一种叫作"电子云"的方式分布在原子核周围——这是更准确的说法。电子以波函数的形式占据一定的空间，它没有固定在哪个确定的地方，但是它确实在这片区域里，而且有可能出现在任何一个地方。

然而真正值得研究的并不是这些电子的位置及其占据的空间，而是以这种方式运动的电子拥有多大的能量（这是量子力学研究的范畴，不是本书的重点）。

回到我们的原子上。每一个处于基态的原子都是电中性的，这就意味着它拥有相等数量的电子和质子（正负电荷相互抵消），而中子数则只决定它的质量，三者的分工很明确。

那么原子是如何进行化学反应的呢？人们普遍认为化学反应是原子之间电子得失的过程，电子的数量决定着元素的性质。因此，具有不同的质子数或电子数（也叫作"核电荷数"，它们的意义相同）的原子具有不同的化学性质。若两个原子具有相等的核电荷数，那么它们就一定是同一种元素的原子，即便它们的质量可能不相同。

比如，基态氢-1原子的原子核中只有一个质子，那么就会有一个电子环绕着它的原子核以相应能级的"电子云"运动，以维持电中性。氢-2（氘）也是如此，唯一的区别是原子核中增加了一个中子，但是二者都是氢元素，具有相差无几的化学性质。多出来的一个中子几乎不会影响氢-2的化学性质，但是会让二者的物理性质存在明显的差异。后面的元素就是基于氢元素，按照一定的规律往上添加质子、中子和电子了。

本书导读

元素的有趣之处在于不同的元素有着不同的原子结构，不同的结构赋予了元素不同的性质。在区别不同元素的时候，化学家和物理学家会采取不同的办法：化学家会关注这些元素在化学反应中表现出来的性质，而物理学家则更看重与这个元素的原子结构相关的一些数据。这些数据对于区分、描述每种元素十分重要，我在展示每种元素的时候会为其设置一张"名片"，记录它们的一些较为常见、用途比较广泛的信息。

元素序号：即原子序数，是该元素在元素周期表中的序号。它等于该元素的核电荷数，即原子核里的质子数或基态原子的核外电子数。例如，钛（Ti）的原子序数是22，它的核电荷数就是22。

相对原子质量：也称为原子量，是指单一原子的质量，其单位为原子质量单位（u），大小等于碳−12原子质量的1/12。由于电子的质量极小，而且质子和中子的质量相近，因此原子质量单位可以看作质子或中子的质量，一种元素的原子量可以近似看作其质子数和中子数的总和。但是，在大多数情况下，一种元素的原子量并不是一个整数，这是因为这个"单一的原子的质量"取自该元素的"典型样本"，它往往是由多种具有不同质量的核素按照比例混合而成的（不同的取样地点也会导致不同

的比例）。因此，该元素的原子量就不再是整数了。例如，钛的原子量为47.867，它是由质量数从46到50的钛原子按照一定比例后混合得到的。

密度：这是一个非常理想的数据，是指绝对纯净的元素样本的完美单晶在1物质单位体积下的质量，在宏观层面上由于诸多原因而无法得到。固体和液体密度的常用单位为克/厘米^3（g/cm^3），气体则是克/升（g/L）。

熔点、沸点：分别指在1标准大气压下，一种晶体由固态转变为液态和由液态转变为气态的温度，常用单位为摄氏度（℃）。例如，在1标准大气压下，钛在1670摄氏度时会熔化变成液体，在3287摄氏度时会汽化变成气体。

原子半径：通常指原子的大小，它并不是一个精确的物理量，因为在不同环境、不同定义下，它有着不同的数值（对于不同的元素使用不同的定义是更为科学的做法）。人们通常认为原子近似于一个球体，大小为30~300皮米（pm，即10^{-12}m）。本书统一引用通过理论计算得到的数据。

原子发射光谱：由于每种元素都具

元素序号符号：　　　熔点：
(22) Ti　　　　　　　1670 ℃
相对原子质量：　　　沸点：
47.867　　　　　　　3287 ℃
密度：　　　　　　　原子半径：
4.507 g/cm^3　　　 176 pm

有独特的电子构型，当原子接收外来能量时，电子会被激发并再次回到基态，从而发射出具有特征波长的光线。相应的图示展示了对应元素发射的谱线。

位置导览图：标明了该元素在元素周期表中的位置。你可以通过该元素和附近元素在周期表中的位置，发现它们的一些性质呈规律性的变化。

晶体结构：描述晶体内部的粒子规则排列的最基本的结构特征。我会在附录中对这个概念进行更深入的解释。

关于本书中展示的样品，除了它们的照片以外，还有一些文字来描述或者解释说明这些样品，例如它们的外观是如何形成的。对于一些显微摄影照片，我还会标记显微照片的实际宽度。希望这些说明能够帮助你更好地欣赏本书中展示的样品。现在，让我们开始这场视觉的盛宴吧。

第1章　坏脾气的金属元素

　　位于元素周期表中最左侧的两列元素，除了氢（1）以外，都是不折不扣的活泼金属。元素周期表中最左侧的一列是IA族元素，通常称为碱金属，它们的原子的最外层只有一个电子。这个单独的电子非常容易在化学反应中失去，因此碱金属的化学性质非常活泼。在接触水的时候，碱金属元素会立即失去这个电子，和水发生剧烈的反应，生成强碱并放出氢气（$2M+2H_2O=2MOH+H_2\uparrow$，此处的M代表碱金属元素），因此它们被称作"碱金属"。活泼的性质使得它们需要通过特殊的手段进行储存，我们在使用过程中要时刻注意周围的环境。从上到下，碱金属元素的原子半径依次增大，其最外层的那个电子也越来越容易失去，因此它们的化学性质有着明显的递变现象。比如，碱金属单质和水发生反应时不同的剧烈程度就是用来讲解元素周期律的绝佳例子，反应会随着碱金属元素序数的增加而变得更加剧烈。

　　元素周期表中的第二列是IIA族元素，也称为碱土金属。相对于碱金属元素而言，碱土金属元素的最外层多了一个电子，而增加的这个电子让碱土金属和水的反应平和了不少（虽然这仍是一种快速反应，但至少是可控的）。这是因为碱土金属的氢氧化物[$M(OH)_2$，此处的M代表碱土金属元素]在水中的溶解度并不高，很容易随反应的进行覆盖在碱土金属表面，使得反应变慢。碱土金属的氧化物的热稳定性很好，在灼烧的时候不易分解。这种性质被称为"土"，这也正是碱土金属名字的由来，它们的性质介于"碱"性和"土"性之间。

扫描二维码，观看本章中部分
元素样品的旋转视频。

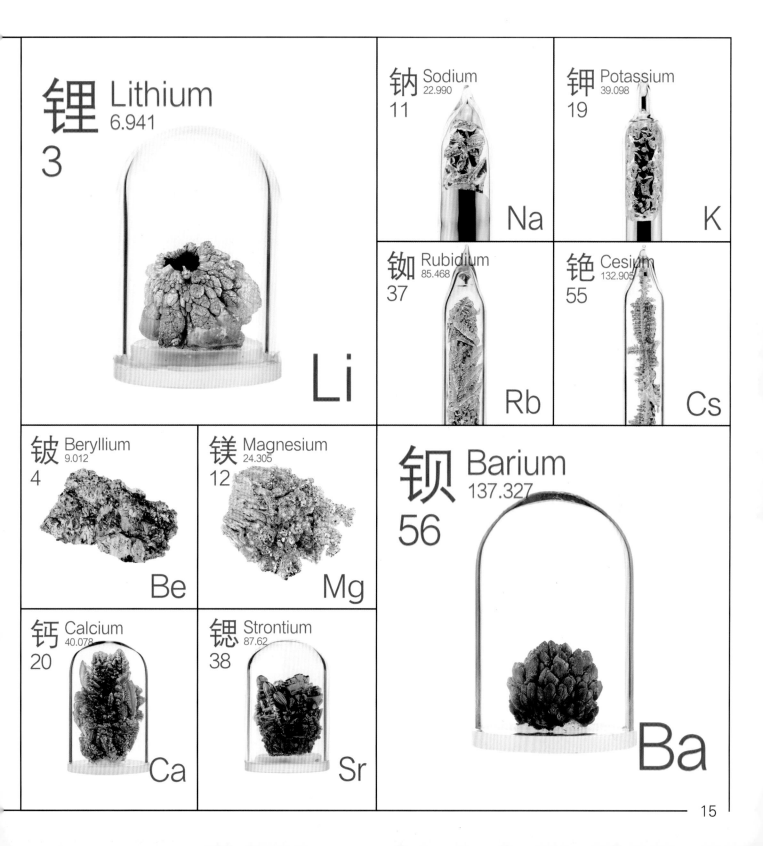

锂 Lithium
6.941
3
Li

钠 Sodium
22.990
11
Na

钾 Potassium
39.098
19
K

铷 Rubidium
85.468
37
Rb

铯 Cesium
132.905
55
Cs

铍 Beryllium
9.012
4
Be

镁 Magnesium
24.305
12
Mg

钡 Barium
137.327
56
Ba

钙 Calcium
40.078
20
Ca

锶 Strontium
87.62
38
Sr

Li
6.941
Lithium

锂

锂是第一种金属元素，极为简单的原子结构、较小的相对原子质量和较大的原子半径赋予了它难以置信的低密度——只有水的一半多一点。锂非常活泼，这样的性质使得锂通常被应用在电池里，因为它能够保证电池在蕴含足够能量的同时十分轻盈。等等，说到性质活泼，锂到底有多么活泼呢？

取一块金属锂，将其投到水里，它会迅速和水发生反应，产生大量氢气（H_2）以及一股刺激性的气味——没有人愿意凑近一块正在和水发生反应的金属锂，这是因为具有强烈刺激性的产物氢氧化锂（LiOH）被水蒸气、氢气带出来了。我们在学生时代对金属锂的化学性质了解得很少，大多数知识是通过观看网络上的一些锂和水发生反应的实验视频获得的。在一些人的印象中，锂和水的反应不剧烈，它的活动性不是很强。然而，锂真是这样的吗？

从原子结构来看，锂是还原性极强的元素。不过，在和水发生反应时，锂会受到很多动力学因素的影响，比如氢氧化锂在水中的溶解度较低，容易附着在金属锂表面阻碍它与水接触和反应，所以反应并不剧烈。不过，锂在空气中燃烧的剧烈程度是其他金属无法比拟的。空气中的氮（7）、氧（8）都能让锂持续燃烧，同时释放出大量热能。熔化的锂还会和玻璃发生反应，这一点很不好，这也是为什么我无法像处理其他碱金属一样，通过在玻璃管里熔化后冷却的方式制作锂的晶体。

当然，如果不用玻璃管保存锂，那么就一定要备好石蜡油和棉花（锂会漂浮在石蜡油上，不过可以用棉花将其压下去）。这是最方便、最安全的保存方法。如果按照一些资料中建议的方法用固态石蜡保存锂，确实能阻止锂接触空气，但石蜡的包埋也会使锂非常难以取出，附着在锂表面的石蜡会对后续实验操作带来非常大的影响，即便熔化石蜡再取出来也一样。除了锂以外，在保存金属钠的时候也一定不要采取这种糟糕透顶的方法。

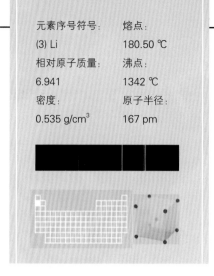

元素序号符号：	熔点：
(3) Li	180.50 ℃
相对原子质量：	沸点：
6.941	1342 ℃
密度：	原子半径：
0.535 g/cm³	167 pm

▶ 除了可以反复充电使用的电池，锂也可以用于制造一次性的纽扣电池。

▲ 锂云母 $[K(Li,Al,Rb)_2(Al,Si)_4O_{10}(F,OH)_2]$ 是最常见的锂矿石，也是工业上生产锂的重要原料。

▼ 金属锂的化学性质十分活泼，当暴露在空气中，新鲜的金属表面（左）会在不到 1 分钟的时间内发黑变暗（右），表面被紫黑色氮化锂（Li_3N）覆盖。

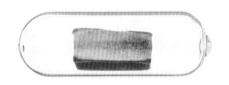

▲ 表面被轻微氧化变成彩色的金属锂切块。

◀ 数码相机中使用的可重复充电的锂离子电池，其外包装上注明了所用材料。

◀▲ 通过冷凝蒸气制作的锂结晶。锂非常活泼，会和环境中微量的杂质气体发生反应，从而使得表面变暗。显微摄影画面的实际宽度约为 19 毫米。

Na
22.989769
Sodium

钠

钠是生活中最常见的元素之一。我们每天都要从食物中摄取钠，因为钠在我们的体内起着非常重要的作用，保证了身体器官对水的调节。这里说的当然是钠离子（Na^+），金属钠可不是用来吃的，我们的体内也没有金属钠。真正的金属钠多见于实验室，被安安静静地保存在煤油里。

把保存在煤油里面的钠取出来，你会发现它的表面有一层棕黄色的坚硬壳层。这是由于钠在煤油中浸泡的时间过长，与里面作为杂质存在的有机酸发生了反应。尽管我们被告知金属钠不会和煤油发生反应，但是谁会去和这个较劲呢？把钠切开，可以看到新鲜的切面和其他金属一样，也有着非常耀眼的银白色光泽。但这一好景不能维持很久，因为暴露在空气中的钠会被氧化，这个反应的速度并不慢。保存钠最完美的做法是用玻璃管在真空环境中（或者在惰性气体的保护下）密封保存钠，这样不但可以让钠长久保持光泽，而且可以通过加热使钠熔化并流动，在冷却过程中形成美丽的晶体（在整个过程中都不会有空气干扰）。

钠被丢进水里后，它会迅速和水发生反应，熔化成一个小球漂浮在水面上，并发出一些细微的声响。如果用更大块的钠做实验（严禁在室内操作），效果就会更加壮观，钠会在水面上燃烧，然后像烟花一样炸开，致使燃烧的液滴四处溅射，留下星星点点的火光。金属钠和水发生反应所发出的爆炸声是所有碱金属中最响的，这是因为钠和水发生反应放热，将产生的氢气（H_2）和空气中的氧气（O_2）组成的混合物点燃。至于钠下面的钾（19），它和水发生反应时也会爆炸，不过那就是其他原因了。

元素序号符号：	熔点：
(11) Na	97.79 ℃
相对原子质量：	沸点：
22.989769	882.94 ℃
密度：	原子半径：
0.968 g/cm³	190 pm

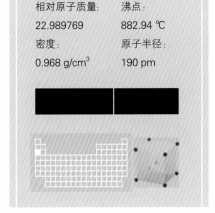

长期保存在煤油里的钠块，其表面已经变成了棕褐色。这是由钠和煤油里面作为杂质存在的长链羧酸发生反应导致的。这个样品是我在初中时期制作的，那时我还能期待什么？

通过熔化后冷却制作的钠晶体。液态的金属钠非常黏稠，很难从已经凝固的晶体上脱离下来，因此形成了这种有趣的外观。这是通过蒸馏提纯的钠，我们在钠熔化之前（右图）能够看到蒸馏过程中冷凝形成的微小液滴颗粒。显微摄影画面的实际宽度约为8毫米。

氯化钠（NaCl）是最常见的化合物之一，是我们日常食用的食盐（左图）的主要成分，右图所示是一瓶基准试剂，用于配制标准溶液。这种试剂对纯度的要求是很高的。

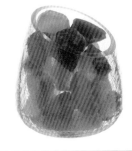

一盏由来自喜马拉雅山脉的岩盐制成的护眼灯，光线穿过盐块后变得更加柔和。

低压钠灯（上图）和高压钠灯（下图），二者都通过激发钠原子发出黄光，区别在于低压钠灯的效率更高，但是只能发出单色光，因此在它的照射下，所有的物体只有黄色和黑色两种颜色，令人感到十分压抑，所以它的用途较少。高压钠灯的发光效率略低，但是它发出的光让人感到更舒适一些。

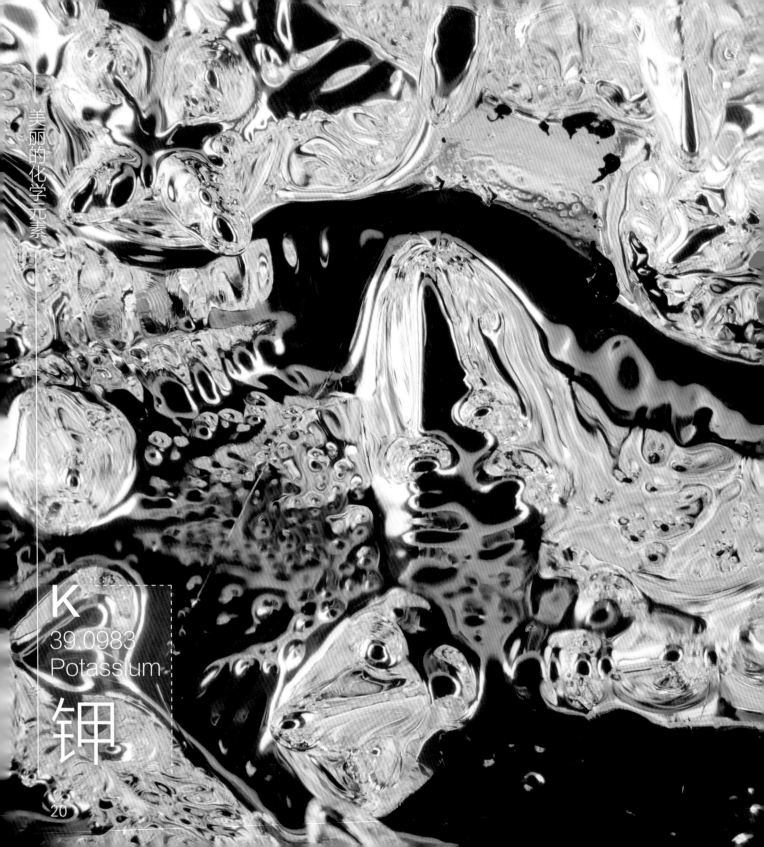

K

39.0983
Potassium

钾

钾是银白色金属，但由于它的表面经常被一层淡紫色的氧化膜覆盖，人们很少能看到闪耀着银白色光泽的钾。我曾幸运地得到了一些保存在真空玻璃管中的钾，玻璃管的内部没有任何氧化物，我可以把它拿在手里，端详它的银白色光泽。

和钠（11）一样，钾在人体内也扮演着重要的角色，它和钠一起维持身体动作的协调。我们在日常生活中可以通过多种蔬菜和水果（比如香蕉和卷心菜等）来摄取足够的钾。

在大多数人的眼里，和钠相比，钾无非更加活泼了，它和水的反应更剧烈。但实际上，二者的区别还是很明显的。钾和水的反应足够快，能够产生足量的氢气（H_2）并及时点燃它，产生紫色火焰；而钠不能，它只能慢慢地积攒氢气，等到一定的时候才会点燃，发生爆炸。实际上，钾及其下面的碱金属在和水反应发生爆炸时发出的声音都没有钠那么响，这说明氢气不是导致爆炸的唯一因素。

前面说过，原子是由带正电的原子核和带负电的电子组成的。当钾原子接触水时，它们会以极快的速度释放自己的电子，留下大量带正电的钾离子相互紧贴在一起，从而产生巨大的电荷排斥作用。金属钾原本的结构无法束缚住这些离子，所以会被破坏并发生爆炸，致使剩余的金属钾被抛向四周，继续燃烧。这种现象叫作库仑爆炸，是在2015年由国外的科学家研究碱金属和水反应发生爆炸的原因时发现的。这里只是简单地介绍钾与水反应发生爆炸的原理，或许这个概念以后会被写进教材里。同时，这也能提醒你：碱金属和水的反应是很危险的实验，不要轻易去尝试。当然，对于钾发生爆炸的原因，了解一下肯定更好了。提到碱金属和水发生反应的效果，钾的爆炸确实不如铷（37）精彩。

元素序号符号：	熔点：
(19) K	63.5 ℃
相对原子质量	沸点：
39.0983	759 ℃
密度：	原子半径：
0.856 g/cm³	243 pm

▲ ◄ 熔化后冷却形成的鱼骨状钾结晶，未被氧化的纯净金属钾有着非常美丽的光泽。显微摄影画面的实际宽度约为19毫米。

▲ 香蕉和卷心菜是常见的含钾食物。

▶ 不仅动物需要钾，钾对于植物来说也很重要。这瓶钾肥的主要成分是磷酸二氢钾（KH_2PO_4）。

◄ 保存在硬质玻璃管里面的金属钾。或许是由于玻璃管内部的环境不够洁净，有一些金属钾在熔化后附着在了玻璃上。

▲ 保存在石蜡油里面的金属钾切块。由于石蜡油中溶解了微量空气，新鲜的金属钾表面十分容易被氧化而呈紫色。

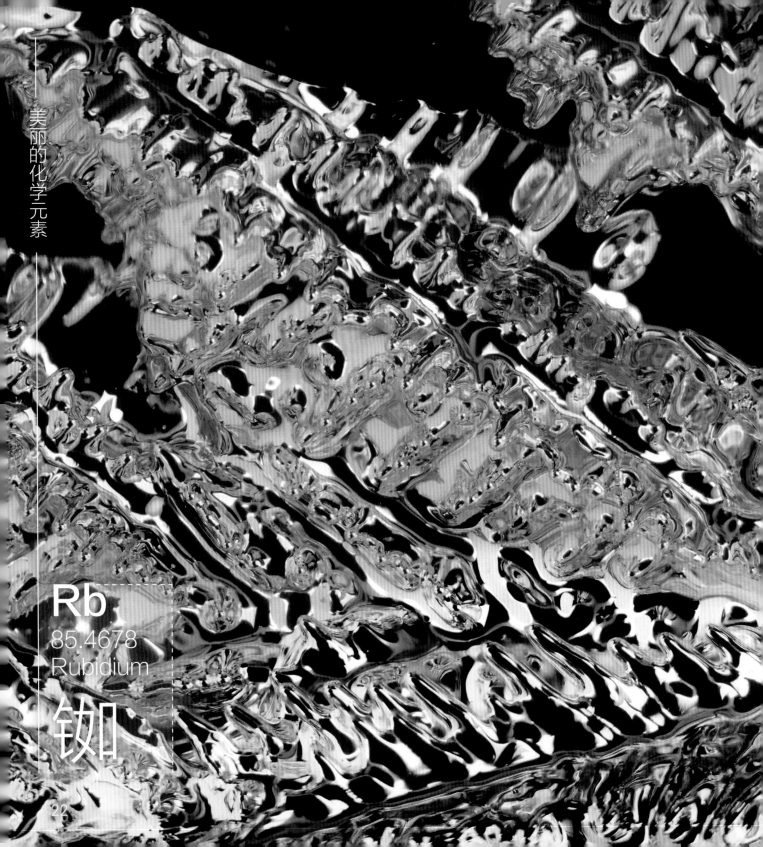

Rb
85.4678
Rubidium

铷

大多数人所能看到的铷基本上都是被封存在玻璃管里面的银白色金属，它们看上去非常光亮。仅凭观察，谁都无法想象铷比位于它上方的钠（11）和钾（19）还要活泼。当它与空气接触时，情况就不一样了。铷暴露在空气中的表面会立即变成棕褐色并冒出白烟，被摩擦的时候甚至会迸出火花。

少量的铷在接触水时也会和钾一样熔化成一个小球，然后燃烧，发出紫色火焰。稍多一些的固态铷在被投入水中时可能会产生更多的烟雾，没来得及和水发生反应的部分被溅出容器。把熔化的铷滴入水里，它会像烟花一样炸开，产生大量烟雾和火花。铷的熔点比钾还要低一些，用台灯或吹风机就可以把铷熔化（前提是不要让它接触空气）。就是这个比较低而又不是非常低的熔点让铷和水的反应有着不同的现象。

就效果而言，铷是和水发生反应时现象最有意思的碱金属，然而知道这一点的人很少，因为基本上没有人会去这么做。铷是稳定的碱金属中最贵的一种，甚至比铯（55）还要贵。高度分散、用途极少（就目前的情况来看确实如此，但将来或许会有所改变）使市面上对铷的需求极小，反过来这也导致铷的供应不多，因此试剂商往往开出令人咋舌的高价。诸多因素使铷的价格变得如此不亲民。

我们会在一些地方看到铷的名字，如铷铁硼磁体、铷溅射靶等。实际上，这些名字被误传了。且不追究是谁最先开始这么说的，只要想想铷和钕（60）的汉字有多像，铷和钌（44）的元素符号（Rb 和 Ru）会被混淆，也就不会觉得这件事有多奇怪了。现在你既然知道了，就让这些误传从你这里停止吧，铷根本没有这些用途。铷的用途目前仅限于制造原子钟和一些光电倍增管，而在这些方面铷的表现都没有铯好（是的，铷和铯经常共同出现在这些领域中），因此铷迄今为止都没有什么重要的应用。这似乎不太公平？对不起，在铯的面前，铷确实没有那么出彩。

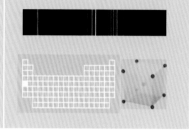

元素序号符号：	熔点：
(37) Rb	39.30 ℃
相对原子质量：	沸点：
85.4678	688 ℃
密度：	原子半径：
1.532 g/cm³	265 pm

▲ 过去，活泼的碱金属难以分装，因此在生产小包装金属铷的时候会向玻璃管中注入一些石蜡油，以尽量避免金属铷被氧化。

▶ 一个铷原子钟里面用到的铷蒸气室，其中含有几百微克铷 –87 核素，即为照片中显示的那些黑色液滴。

◀ 一块天河石，是钾微斜长石 [K(AlSi₃O₈)] 的亚种，其中含有的微量铷和铯使矿石呈蓝绿色。

◀ ▶ 封存在真空硬质玻璃管里面的 5 克金属铷的鱼骨状结晶。洁净的环境使得我们能够观察到内部的晶体。铷的流动性比钠、钾要好一些，因此熔化的金属铷在冷却过程中会离开枝状晶体，使之暴露出来。而较低的熔点让铷很容易熔化和冷却结晶，在室温下长期保持美丽的结晶状态。显微摄影画面的实际宽度约为 10 毫米。

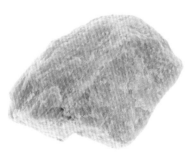

▶ 一个铷原子钟标准频率仪，图中上方的容器中含有少量金属铷，它在加热的时候会变成蒸气，然后由信号发射、接收部件进行调频测量。铯原子钟的工作原理和这个仪器一模一样，但是更精准一些，价格也更高。

Cs
132.90545
Cesium

铯

在稳定元素中，铯最为活泼，可以说它在碱金属中出尽了风头。没错，把铯投入水中是很多人期待的一个实验，人们期盼着看到它发生剧烈的爆炸来过一把瘾。不过少量的铯在接触水时只会在一瞬间把自身弹飞，稍微多一些的铯可能会产生更多的烟雾，迸溅出更多的水和金属液滴，但无论如何也不至于炸毁一个浴缸[1]。

铯是一种金黄色金属，极度活泼，所以我们只能用充满稀有气体的密封容器或者真空密闭容器来保存它，以防止它与水和空气接触。铯的熔点非常低，比我们手心的温度还要低，因此在稍微温暖一些的天气里，它就会熔化成液体——一种闪烁着金黄色光泽的液体，在保存它的玻璃管里流动，然后在冷却过程中缓慢地生长出鱼骨状的金属结晶。铯是碱金属中流动性最好的，液态的铯很容易从结晶上脱离，留下带有金黄色光泽的鱼骨状结晶，绝对会让你大饱眼福。

铯的用途相当广泛。除了用来定义时间[2]，铯会发生很多化学反应。比如，在一些有机反应中，铯和其他碱金属发挥着相似的作用，而铯往往由于更强的反应活性能够获得更高的产率。因此，铯被广泛地应用在科研之中。铯的订购十分方便，只要条件许可，你就能够操作和使用它。在一些试剂公司的网站上订购装在不同包装里面的金属铯是一件非常寻常的事情，而且不得不说，当把包装上面写着"仅用于科技研发"的标签撕下来之后，它绝对能够成为科学家书桌上最有趣的摆件之一。

然而，铯的危险性绝不可小视。把它当作桌面上的有趣摆件并不是一个好主意。保存铯的玻璃管可不是什么非常坚固的东西，一旦玻璃管破损，铯就会在接触空气的一瞬间被氧化，发生剧烈反应，冒出白烟，甚至发生燃烧。有趣的是，碱金属的燃烧和绝大多数易燃物质的燃烧不太一样。由于碱金属自身是还原性物质，在燃烧过程中会还原它们接触并能够还原的一切物质，比如从有机物（如纸张、木制桌子）中夺走氧元素（O），使燃烧变得更加剧烈且难以停止。这就使它变得更加危险了。和铯一样，铍（4）被打碎后暴露在空气中也十分危险，但是另有其因。

元素序号符号：(55) Cs
熔点：28.5 ℃
相对原子质量：132.90545
沸点：671 ℃
密度：1.879 g/cm³
原子半径：298 pm

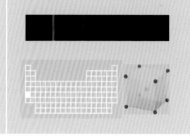

装在真空硬质玻璃管中的5克铯会在人手中很快熔化，变成一摊金色液体。液态的铯会随着温度的下降慢慢生长出鱼骨状的结晶，但由于我所居住的地方气温的缘故，不让这个晶体在我能随时看见的地方再次熔化是不太可能的。显微摄影照片的实际宽度约为8毫米。

铯沸石 [Cs(AlSi$_2$O$_6$)·nH$_2$O] 是一种常见的含有铯的矿石。

一块呈立方体形状的纯净碘化铯（CsI）晶体，是制造闪烁体探测器的原材料。

由钠（11）、钾（19）、铯混合得到的淡黄色合金，这种合金有着非常低的熔点，在凉爽的室温甚至更低的温度下都能保持液态。

铯通过光照就会丢失最外层的电子，向外发射光电子。锑化铯（Cs$_3$Sb）也具有这样的能力，是常见的制造光电阴极的材料。这是一个使用了锑化铯的光电倍增管。

[1] 在英国某节目组制作的一期关于碱金属和水的反应现象的视频中，制作组用雷管伪造了铷、铯和水发生反应时剧烈爆炸的现象，以吻合他们预期的实验现象。
[2] 现行国际单位制对秒的定义是：铯-133原子基态的两个超精细能级间的跃迁对应辐射的9192631770个周期的持续时间。

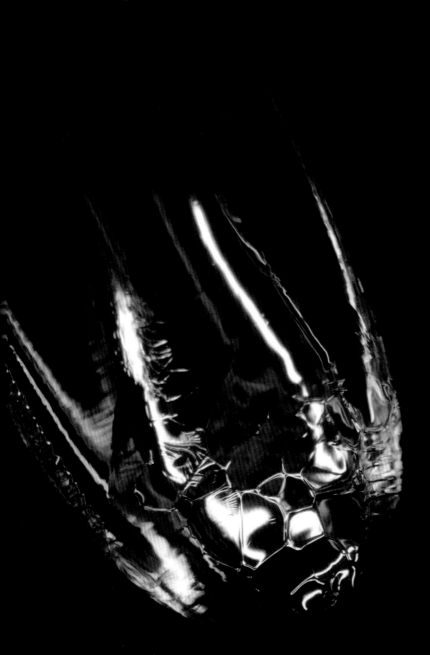

▲ 在玻璃管中熔化后自然冷却的铯，表面在凝固的时候由于收缩形成了龟壳状的结晶纹路。

我们可以借此机会聊聊铯和其他碱金属，因为关于它们的有些知识非常有趣，而且人们对它们的认知往往存在一些误区。

首先是价格。我们知道铷和铯十分昂贵，然而事实并不全如此。"1克铯要上千块钱"这句话是不准确的，因为铯的价格不仅取决于其质量，还受包装规格的左右。在许多出售铯的试剂网站上，你可以查到它的价格。在这本书完稿时，有着纯度证明的1克铯的价格还在700元到1200元之间浮动（这取决于提供它的厂家），但这不代表更大量的铯的价格也是这样。正如前文所说，由于铯的活泼性质，它需要在稀有气体或真空环境中被封存到玻璃管内。这是一件非常麻烦的工作（就连钠和钾在经过这样的处理之后，它们的价格也会增加几十倍甚至上百倍，不信的话可以去查查）。不论是大量还是少量的铯都要经过这样的处理，因此在一次性封存更多的铯时，平均下来，每克铯的价格会降低很多——几十元到一百元，不再像以前那样高。

还有一个常见的误解是关于铯的金黄色色泽的，许多教材和资料认为这是它的氧化物导致的——按照它们的说法，没有被氧化的铯是银白色的，但是世界上根本不存在银白色的铯样本。难道是因为做不出纯度这么高的样本吗？实际上不是。我们要知道的是，光照射在金属上时，有一些特定频率的光是可以被金属的电子吸收的。金属在吸收了特定频率的光后，会把剩下的其他频率的光反射回来，这就是我们所说的"金属光泽"。大多数金属吸收的是频率比较高的不可见光，因此它们的色泽是银白色。但并不是每种金属的光泽都一样，随着在元素周期表中的位置越来越往后，原子序数增大到一定程度时，原子的结构会变得越来越复杂，从而让金属的性质产生一些不同规律的变化。和周期表中更靠前的碱金属元素相比，铯有着更多的电子层，从而让它的电子更容易受到紫色和蓝色光线的激发。整块金属会吸收这样的光线，从而反射（也就是展现）与它们互补的金黄色光泽。说到这里，你可能觉得有一点耳熟。没错，金（79）呈金黄色也是因为这个缘故。总而言之，铯的金黄色是与生俱来的。

专题一　冷却结晶

　　组成元素单质的原子或分子受热后，它们相互间的距离会变大，单质会由固态转变为液态，打乱了这些微粒的排列顺序。而随着温度下降，液体凝固，又使这些微粒重新排列起来。在这个过程中，如果材料的纯度足够高，这些微粒的排列就十分整齐，它们会沿着最开始出现的叫作"晶核"的微小固体颗粒继续生长，直到变成宏观的晶体。

　　然而这个生长过程是在不透明的液态元素中发生的，如果不采取一些手段，我们就无法直接观察到这样形成的晶体。想要进行观察，最简单的方法就是利用液体的流动性，让液态的元素单质和已经冷却形成的晶体分开，这样晶体就可以显露出来了。这种方法的原理十分简单，但实际操作时会受到多种因素的影响。比如，不同元素单质熔化后形成的液体的流动性是不一样的，因此最后显露出来的晶体的轮廓有的清晰，有的模糊。我在这里使用的是铯（55），因为它很容易熔化和冷却结晶，而且液态铯的流动性很好。

　　其实这个过程能否成功在很大程度上取决于运气。埋藏于液体里的晶体是不可见的，只有把握好时机，才能让生长充分而又没有联结到一起的晶体显现出来。这个时机也就是凝固时间的长短，取决于实验环境的温度。以我做的这个实验为例，我在室温大约为17摄氏度的房间里进行实验，大概需要等待1分钟。

实验步骤

　　1．用手握住装有铯的玻璃管，使其里面的金属受热熔化。

　　2．待金属完全熔化后，将其放置在冷却源上，使其冷却。

　　3．等待一段时间后，将玻璃管竖起，使液态铯与铯晶体分离。

注意事项

　　应尽量避免这样的晶体在生长过程中受到扰动，一定要在冷却的时候固定好玻璃管。在将玻璃管竖起之后，一定要等到液体充分冷却凝固时再将玻璃管倾倒，否则仍然流动的液态金属会把结晶弄得一团糟。

实验试剂
用玻璃管封存的铯。

实验器材
1．热源。
2．冷却源。

▲　扫描二维码，浏览更多线上资源。

▼　下图为对应的实验步骤。如果选择制作其他金属结晶，只需根据它们的熔点来调整热源就可以了。尽量使用平面冷却源，让接触面产生一个线条状的晶体发生带，这样的效果最好。

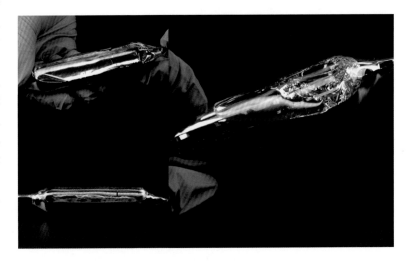

Be
9.0121831
Beryllium

铍

铍是一种钢灰色金属，这和其他碱土金属不太一样。在通常情况下，暴露在空气中的铍的表面会生成一层很薄的氧化膜，它具有钝化作用，可以保护里面的金属。在潮湿的空气中，氧化膜会更厚，使铍的表面失去光泽。

铍具有剧毒，尤其是粉末状的铍，人体吸入后会导致严重的器官损伤（同样，接触铍盐也会导致皮炎）。但是，如果经过妥善保存，块状的铍就不会对人体安全造成任何影响，看看密封在玻璃管中的铍碎块也是一种有趣的体验。

当然，即便是块状的铍，最好也不要用手接触，更不要轻易接触和操作铍粉。目前中国市场上面对元素收藏者出售的铍绝大多数都是块状晶体。在国外市场上，其他形态的铍也是比较常见的，比如巨大的立方体和圆形的靶材，甚至有人在eBay上出售从B-52轰炸机[1]惯性导航仪中拆卸下来的极为精密的铍圆球。

尽管铍单质在市场上流通的量很少，而且很少以单质的形式交易，但它也有自己独特的用途。铍具有低密度、高强度、高散热性的特性，在那些对重量和强度要求极为严苛的领域（比如导弹和火箭），铍就可以大显身手了。原子结构简单、密度低的特性让铍在X射线下是透明的，因此它常被用于制作X射线管的窗口。相对于其他具有类似性质的元素，铍的稳定性和可塑性让它更能胜任这项工作。虽然元素镁（12）没有这样的独门绝技，但它因为无毒、廉价而更受人们的欢迎。

元素序号符号：	熔点：
(4) Be	1287 ℃
相对原子质量：	沸点：
9.0121831	2468 ℃
密度：	原子半径：
1.848 g/cm³	112 pm

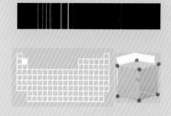

△ 一个轻盈得不可思议的空心铍圆球，曾一度是人类制作过的最精确的球体，它的直径是 1.50000 英寸（即 3.81000 厘米）。这样精致的铍球用作 B-52 轰炸机的捷联式惯性导航系统测量组件，在高达每分钟上万转的旋转过程中，任何尺寸偏差都会让它毁坏掉。

▶ 由纯铍加工制作的零件，十分轻盈且具有一定的机械强度。

▽ 一根经过熔化形成的铍棒，表面在蚀刻后暴露出了结晶的纹路。

◁ △ 常见的高纯度铍块，在被砸碎之后的断裂处可以观察到一些破碎的结晶颗粒。显微摄影画面的实际宽度约为 13 毫米。

▶ 由铍青铜制作的扳手。铍青铜是一种具有高强度且不会在碰撞的时候产生火花的合金。

△ 一块绿柱石（$Be_3Al_2SiO_6$），又称绿宝石，是常见的含铍矿石。

[1]B-52 "同温层堡垒" 是美国波音公司研制的八发动机远程战略轰炸机，1952 年第一架原型机首飞，1955 年批量生产型开始交付使用并服役至今。

Mg
24.3050
Magnesium

镁

一说到镁，我们首先想到的可能是化学课上燃烧着的镁条。被砂纸打磨干净的镁条被点燃后会发出耀眼的白光，生成白烟、白色的粉末并放出大量的热。是的，在中学化学课堂上，镁的燃烧可以说是最危险也是最新奇的实验之一。有一次，我旁边的那个同学没有把老师发给我们的镁条放进酸液里面，而是顺手在酒精灯上点着了，结果同学们都把目光投向了这边，眼睁睁地看着镁条烧完。不得不说镁条燃烧的吸引力还是不小的，至少比镁和酸发生反应的时候冒出来一些泡泡要吸引人。

到了后来，与化学接触多了，我们就会觉得镁越来越普通了。在实验中出于种种目的，我经常需要燃烧它，烧多了之后也就感觉没那么新奇了。不仅是在化学实验中，在生活中人们也常常用到镁。由于镁容易被点燃且燃烧时会释放出大量热量，它经常被用作点燃其他东西的媒介。比如，在野外需要点火时，用刀从镁砖上刮下一些碎屑，再用打火机点燃，燃烧着的镁产生的高温可以轻松引燃篝火。这样做比用打火机直接点燃篝火要容易得多。

镁能够起到这样的作用不仅因为它是一种优质的燃料，还因为它很"靠谱"。其他容易引燃且燃烧时能放出大量能量的金属[比如钠（11）和钙（20）]的性质都过于活泼了，以至于会和空气中的氧气（O_2）、水蒸气（H_2O）发生反应，这让携带与保存它们变得非常麻烦。与它们相比，镁的活泼性恰到好处：它也会和空气发生反应，但生成的氧化膜会覆盖住表面，起到保护作用。当刮掉氧化膜之后，内部新鲜金属的明亮光泽依然闪耀而动人。

除了作为燃烧材料这方面的用途，在工业上，镁也是一种重要的金属材料。它的质量轻，比较坚固，而且很难对人体产生毒害，因此是良好的结构金属，被广泛地用来制作各式框架和外壳。可惜相比之下，活泼的钙就没有这样的功能了。

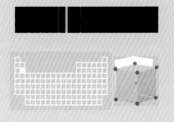

元素序号符号：	熔点：
(12) Mg	650 ℃
相对原子质量	沸点：
24.3050	1090 ℃
密度：	原子半径：
1.738 g/cm³	145 pm

▶ 镁是植物叶绿素的核心成分，任何含有叶绿素的植物都含有镁。这是一根新鲜的茶芽，在烘干加工后就变成了茶叶。

▼ 由纯镁制作的野外生存打火石，外部涂有保护性漆层。细碎的镁刨花可以轻易地被火花点燃。

▷ 一部微单相机，机身由镁合金制成。本书中的许多照片是用它拍摄的。

◁ 一根通过酸液蚀刻暴露出结晶纹路的镁棒。

▽ 一块外观独特的蒸馏镁，独特的制作环境使得它有着树枝状的结晶。

◁▲ 工业生产的羽毛状蒸馏镁结晶簇，十分轻盈，新鲜金属表面的色泽相当明亮。显微摄影画面的实际宽度约为 19 毫米。

我们刚才看到了工业生产的纯净的金属镁。经过初步生产提纯的金属镁的纯度并不高，但是镁凭借着较低的沸点，很容易被加热并沸腾。气态的镁在和杂质分离之后经冷却成为更为纯净的固态单质，这个过程和水的蒸馏提纯十分相似。

在蒸馏过程中，蒸气的沉积促使晶体生长，最终形成的产物很光亮，银白色的色泽十分动人。蒸馏提纯形成的晶体外观也和蒸馏的条件、环境相关，细碎的颗粒状晶体往往来自快速冷却（在工业生产过程中，品质和效率才是人们的关注点，而不是外观）。我有一个更棒的镁样品，它是通过缓慢的蒸馏制备的，因此有着更好的外观。

这块镁晶体簇被装在充满氩气（Ar）的圆形石英罩中，以保护它闪亮的镜面结晶。这大概是我见过的最美丽的金属镁样品了。和工业生产出来的普通的蒸馏镁晶体不同，它先从一个很小的区域开始生长，最终经过充分沉积形成了较大的镁晶体，并具有镜面效果，在转动的时候朝向不同角度的晶体面依次反射照射它们的光线，非常美丽。这是其他金属镁样品做不到的。另外，它被固定在了一个由定制的圆顶石英罩和表面磨砂的石英黏合在一起制成的容器中，是一个专门为收藏者制作的展品，像这样的精致程度也是很少见的。当然，书中后面介绍的一些元素也有这样的样品，我会介绍它们。

▲ 另一块斜坡状的蒸馏镁。镁非常容易通过蒸馏提纯，而且在不同的条件下，结晶的外观也是不同的。

◀ 银亮的蒸馏镁晶体，没有被氧化的镁表面具有最纯净的银白色，镜面晶体非常美丽。唯一的遗憾是它在运输过程中受到震动，掉落了一块结晶（照片中未显示）。显微摄影画面的实际宽度为 16 毫米。

Ca
40.078
Calcium

钙

如果有一种人们对它的印象和它的实际外观的差距最大的元素，我想那应该就是钙了。人们往往以为钙是白色粉末，那是因为钙的绝大多数为人们所熟知的化合物都是这样的。然而钙自身具有闪亮的光泽，是不折不扣的金属。我们日常所说的"补钙"实际上是补充以化合物形式存在的钙元素，目的是保证血液中有足够的钙离子，防止骨质疏松（某些研究表明骨骼和血液中的钙有着一些微妙的联系），相信大家也发现了钙和我们的日常生活息息相关。

至于金属钙，它具有一些和位于其上面的金属镁（12）相同的性质，而且更活泼一些。块状的金属钙在水中会快速发生反应，产生大量氢气（H_2），细碎的金属钙颗粒和水发生反应时会剧烈放热，导致水暴沸，但远远没有达到点燃产生的氢气发生爆炸的程度，因此这是一个安全地快速制取氢气的反应。金属钙比镁更软，不过也没有软到可以用小刀切割的地步。分开块状的金属钙依然是一项让人头疼的工作，需要借助液压剪这样的工具才能够进行。

钙元素在地壳中的含量并不少，很多矿石都含有钙，其中最有趣的矿石莫过于冰洲石，即纯净而透明的碳酸钙（$CaCO_3$）晶体了。冰洲石有一种神奇的光学性质——双折射性，它也是将这种性质体现得最明显的矿石。透过冰洲石，你会发现看到的所有东西都有重影。如果有机会，你也可以从矿石商那里购买一块来观察一下这种神奇的现象，它很容易买到。与钙相比，锶（38）的碳酸盐矿物在自然界中也广泛存在，但没有双折射性这样有趣的性质。

元素序号符号：	熔点：
(20) Ca	842 ℃
相对原子质量：	沸点：
40.078	1484 ℃
密度：	原子半径：
1.55 g/cm³	194 pm

▶ 钙的氧化物（CaO）对潮湿十分敏感，可以用来去除食品包装中的水分。

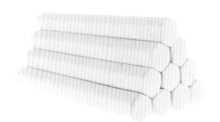

▶ 一块冰洲石，具有双折射性。

▼ 贝壳的主要成分是碳酸钙。

▲ 粉笔是十分常见的书写工具，它的主要成分是硫酸钙（$CaSO_4$）。或许很多人印象中的钙就是这样的。

◀ 一些用途特殊的蒸馏钙原料，保存在玻璃安瓿里面，以防止氧化。

◀ ▲ 保存在空气里面的工业蒸馏钙，具有颗粒状的晶体，轻度氧化的表面有些发灰。显微摄影画面的实际宽度约为 13 毫米。

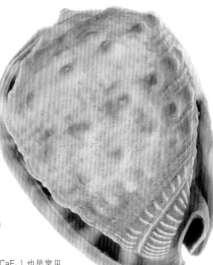

▲ 除了碳酸钙，氟化钙（CaF_2）也是常见的钙矿石，它有一个家喻户晓的名字——萤石。

在镁那里，我展示了保存在石英罩里面的结晶簇，钙作为镁下面的元素，它们的性质十分相似。钙是不是应该也有这样的样品呢？答案已经摆在这里了。

其实用"蒸馏"来描述钙结晶的制取过程是比较模糊的，因为这里处理的对象是金属，而不是常见的液体。金属，尤其是活泼的碱土金属在高温下会和许多气体发生反应，使得这种操作变得麻烦。

为了使这个过程变得更加容易并排除气体元素的干扰，我们往往在真空环境下进行操作，通过减小气压可以降低物质的沸点，使得蒸馏能够在较低一些的温度下进行。随着气压降低的不止物质的沸点，实际上物质的熔点也会受到气压的影响。对于这几种碱土金属来讲，它们的熔点会随着气压的降低而降低，十分有趣。

这个过程有一个专业一点的名称——物理气相沉积，即通过物理方法（加热）来让物质变成气态，然后进行冷凝沉积。这是一种常见的用来镀膜、结晶的手段。那么你自然会问是不是还有"化学气相沉积"呢？答案是肯定的，我会在后面展示一些通过化学气相沉积法制作的晶体。

说到底，这一类结晶的制作原理和蒸馏是一样的——尽管它要复杂一些，商家和样品提供者还是习惯用"蒸馏"来介绍它们的制作方法。

▲ 保存在玻璃管里面的钙晶簇碎块，有着更明亮的光泽。

◀ 蒸馏钙晶体，晶枝末端发育完整的结晶颗粒非常有质感，层叠排列的结晶令人赏心悦目。显微摄影画面的实际宽度为19毫米。

Sr

87.62
Strontium

锶

锶是一种普通的碱土金属。值得注意的是，由于处于同一主族，锶和它上面的元素钙（20）的化学性质十分相似，这使它在人体中多少也能发挥一些和钙相似的作用。除了和钙相似的功效，锶本身也是一种人体所必需的微量元素。适量饮用含有锶的矿泉水有利于健康，因为锶对人体骨骼的形成具有促进作用，而骨骼的一大功能就是维持血液中钙的含量。怎么又回到钙了？

钙能和水发生反应，锶当然也能，而且更有意思。如果用镊子将块状的锶夹住泡在水里，其表面会不断生成气泡并脱离。把它从水里拿出来时，表面残余的水分会和锶继续发生反应，释放大量的热，导致水沸腾，反应慢慢地变得剧烈，最后留下一层疏松的氢氧化物覆盖在金属锶表面，慢慢地膨胀起来。

锶在地壳中的含量不算少，可也说不上丰富。它在我们生活中的用途不算广泛，人们大量开采并随意地使用它。比如，在烟花中掺入锶的化合物以产生红色。任何人都可以花七八百元直接从试剂公司买到2千克一桶的锶，然后随意地把它用掉。但似乎没有多少人意识到，锶可能会是第一批枯竭的金属资源之一。目前可供开采的高品位锶矿石的储量越来越少，而开采低品位锶矿石的难度更大，开采过程会消耗更多的能源。尽管现在锶还不至于短缺，但若未来人们开发出锶的新用途，或出现一个需要大量消耗锶的新领域，那时锶将会变得无比稀缺。这是不是一个值得人们关注的问题呢？（换句话说，我们这样单纯为做实验把锶丢进水里是一种潜在的浪费。）

我们可以看到，现在锶的应用正在不断增多。除了制造烟花，锶还逐渐被用在许多不同的材料中。比如，锶铝合金就是一种常用的韧性较好的合金，锶的化合物可以用作荧光材料。

你会不会觉得在周期表中越靠后的元素以单质形态发挥作用的机会越少？不，钡（56）会告诉你它的单质有什么样的作用。

元素序号符号：   熔点：
(38) Sr   777 ℃
相对原子质量：   沸点：
87.62   1377 ℃
密度：   原子半径：
2.63 g/cm³   219 pm

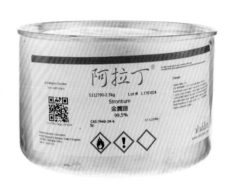

▲ 一大罐锶，就目前来讲并不是很贵的东西。

▶ 锶铝合金原料锭，它是锶主要被消耗使用的一种方式。

◀ ▲ 通过蒸馏生产的锶晶体，其外观和树皮很像。轻微的氧化使它带有美丽的淡黄色光泽。显微摄影画面的实际宽度约为6毫米。

◀ 天青石的化学成分是硫酸锶（SrSO₄），这是一种常见的含锶矿物。

▶ 从某些角度来讲，锶对人体有益，因此我们应当适当补充锶，但这对延长寿命有帮助吗？

◀ 用来添加到水族箱中的锶的化合物。商家宣称锶有益于珊瑚虫的生长。

到了锶这里，我们已经能明显地观察到金属锶表面带有的黄色了。这是金属锶和储存它的保护气体含有的杂质气体发生反应导致的。纯净的锶呈淡黄色。

是的，碱土金属有一个共同的特点，它们都很容易和氮（7）发生反应。通过真空蒸馏方式制作的晶体会被转移到充满氩气（Ar）的密闭空间中，固定在石英罩里面。很可惜的是，这个密闭空间中的氩气不可能达到完全纯净的状态，含有的杂质能够被敏感的碱土金属捕捉到，从而发生反应，使晶体表面变色。

那么，可以提前用一些更活泼的金属来除去氩气中的杂质气体吗？答案是不可以。由于这个环境不可能永远保持密闭，材料

的反复进出、气体源的供给（任何气体源都不能够保证它们的产品足够纯净，只能够做到杂质的含量尽可能少）都会源源不断地带来杂质，而这些均匀分散的杂质很难在短时间内被去除，因此产生这样的现象是无法避免的。

不过，这似乎也不是一件坏事。这个特点使得在同样的环境中制作出来的碱土金属表面有着不同的颜色，从而帮助我们区分这些元素，颜色的深浅反映了这些金属的活泼性。从镁的银白色到钙的淡黄色，再到锶的金黄色，我们能够看到它们的性质一个比一个活泼，虽然这些颜色也来自金属自身。那么到了钡，它的颜色会不会更深呢？让我们翻到下一页来看看答案。

▲ 保存在玻璃管里面、带有金属光泽的锶切块。

◀ 蒸馏锶晶簇，尖端的晶体因轻微的氧化而发黄，底部晶体的氧化程度严重一些，呈灰蓝色。这样的过渡十分有趣。显微摄影画面的实际宽度为 13 毫米。

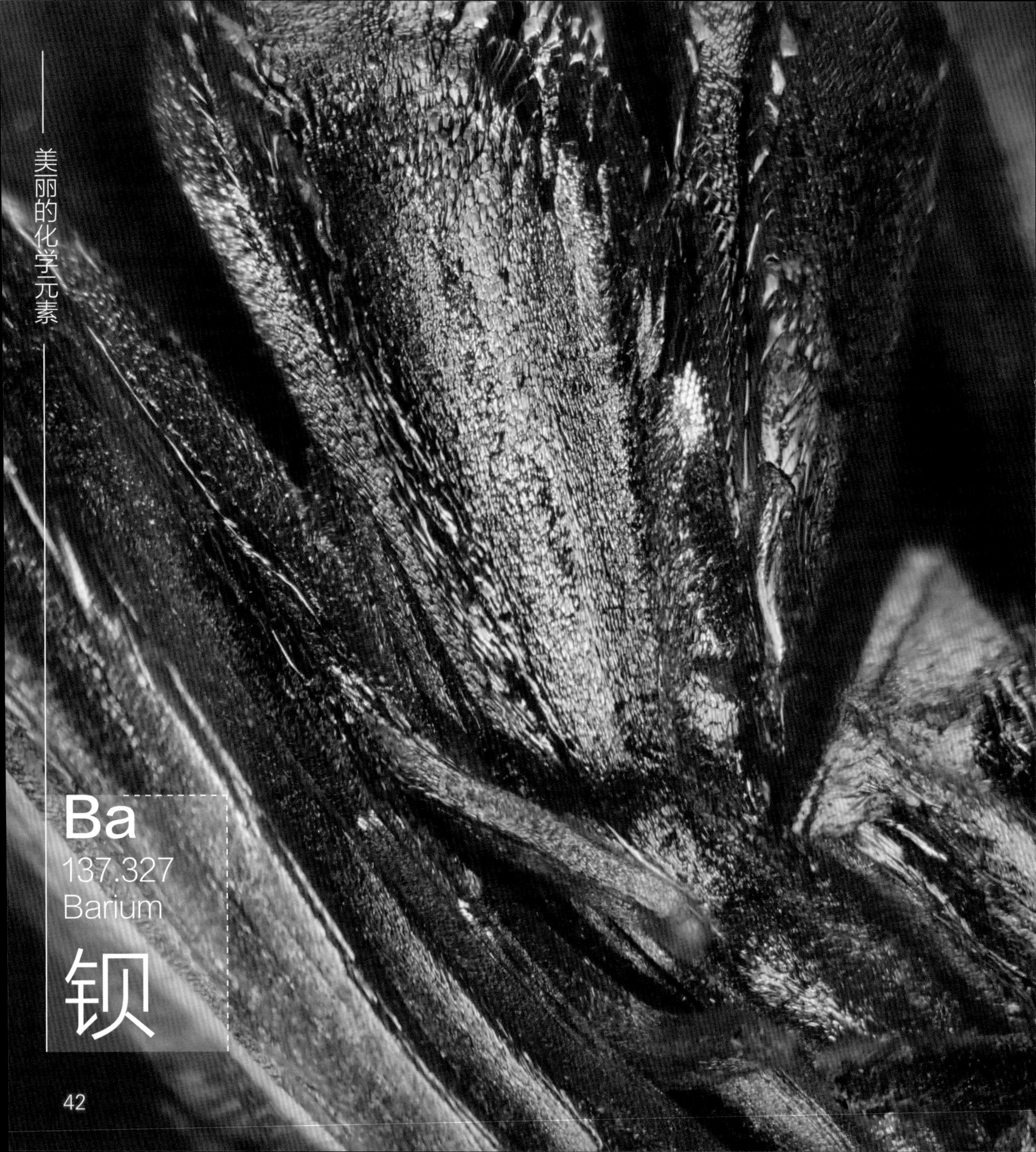

Ba
137.327
Barium

钡

和锶（38）一样，钡也是一种非常活泼的金属元素。事实上，它是非放射性碱土金属元素中最活泼的。这意味着它也能和水发生剧烈的反应，但也只是在碱土金属中相对剧烈而已。把钡投入水中后，它和水的反应只会迅速产生大量氢气（H_2），其剧烈程度可能还不如碱金属中的锂（3）。

的确，钡只是相对于同族元素来说比较活泼，但它的活泼性依然不可小视。钡元素高度活泼的性质使它的单质成为了一种可以去除密闭空间（比如真空管）中最后一点氮气（N_2）、氧气（O_2）及水蒸气的材料。事实证明，钡做得很出色，薄薄一层钡就可以把密闭空间里面残余的气体扫荡得干干净净。

值得一提的还有钡和以前介绍的碱土金属各自独特的焰色：钙是砖红色，锶是洋红色（砖头的颜色大家应该都很熟悉，与洋红相比，砖红带有一点土黄色），而钡是一种苹果绿。正如课本上所写，"节日燃放的五彩缤纷的烟花，就是碱金属以及锶、钡等金属化合物的焰色反应所呈现的各种艳丽色彩"。然而这样做可有点危险，因为钡的化合物有毒。

钡中毒之后，应该怎么解毒？多数人的第一反应是钡属于重金属，所以摄入之后应当通过口服鸡蛋清或牛奶来解毒。这回可就错了。钡在某些情况下被认为是重金属[1]，可它被摄入人体后，并不像其他重金属一样使体内的蛋白质变性而产生危害，而是通过改变细胞膜的

通透性造成低血钾，从而影响器官的正常功能，因此口服鸡蛋清或牛奶对于钡中毒是没有任何作用的。正确的做法是在排除钡离子的同时补充钾离子，我们可以用硫酸钠（Na_2SO_4）溶液洗胃，它能够快速让钡生成硫酸钡（$BaSO_4$）沉淀而排除钡离子，然后用氯化钾（KCl）补充钾离子。对于特殊的钡中毒情况，请务必记住正确的处理方法。

我想在这里花费这么大的篇幅来叙述钡的毒性并不为过。危险往往存在于细微之处，如果你没注意到它，它就会跳出来咬你一口。钡有很多独特的性质，让它令人惧怕的同时又非常有趣。以此作为这一章的结尾，我觉得再合适不过了。

元素序号符号：	熔点：
(56) Ba	727 ℃
相对原子质量：	沸点：
137.327	1845 ℃
密度：	原子半径：
3.51 g/cm³	253 pm

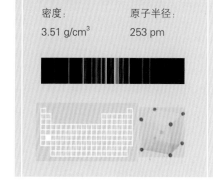

在一些真空电子管里面往往能看到钡的身影，注意顶端（照片左侧）的玻璃壁上有一层薄薄的钡。

一个可爱的 1∶120000 富士山模型，是用含有钡的玻璃制作的，具有较高的折射率。

硫酸钡是一种极难溶于水和胃酸且对 X 射线不透明的化合物，人们可以用它来检查消化道。

重晶石是一种常见的钡矿，它的成分是硫酸钡。

保存在试剂瓶里面的过氧化钡（BaO_2），是一种白色粉末。

工业上通过蒸馏生产的纯钡，有着羽毛状的外观，结晶颗粒十分清晰。整个样品呈淡黄色，而氧化较为严重的地方则呈蓝色。显微摄影画面的实际宽度约为 5 毫米。

[1] 目前重金属尚没有严格的统一定义，一说为原子序数大于铁（26）的金属元素即为重金属元素。

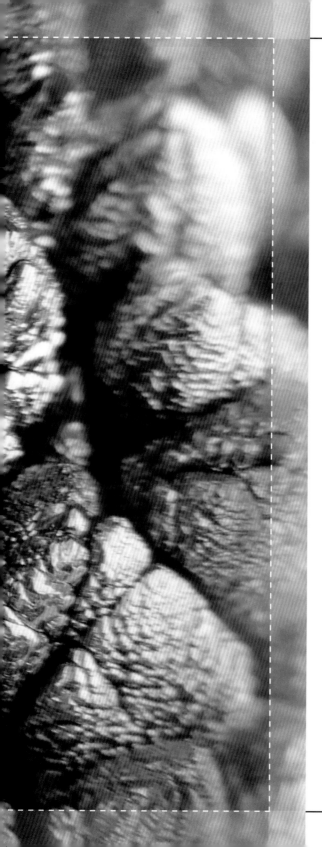

　　我在这里又展示了一块保存在石英罩里面的蒸馏钡晶体。我对这四种元素采取这样的展示方式不是没有原因的，每个样品的背后都有一些有意思的故事，而且对比它们不同的外观也是一件有趣的事情。

　　我在前面展示了几块碱土金属晶体，它们通过蒸馏形成的结晶轮廓的差异很大，从棱角分明、有着很强结晶质感的镁到这个看上去表面较为圆润、结晶颗粒感不明显的钡，它们经历了有趣的过渡。蒸馏时的温度会影响到晶体的外观，而碱土金属的熔点和沸点与它们自身的结构（原子结构以及原子的排列方式）脱离不了关系。

　　从上到下，碱土金属原子结构的递变规律很明显，它们的原子排列方式（各自所属的晶系）不完全一样，因此导致了它们的熔点和沸点的变化没有明显的规律可循。但是对于具有相同排列方式的元素（铍和镁，钙和锶）来说，原子序数更大的元素确实具有更低的熔点和沸点。

　　到了钡这里，它的熔点和沸点都非常高，这意味着通过蒸馏产生的钡蒸气具有很高的温度，当高温蒸气经冷却形成晶体的时候，由于晶体无法快速散热使其温度降低冷凝，晶体的温度就很容易升高，从而熔化变成液态，不再保持原有的结晶外观。因此，通过蒸馏形成的钡晶体的外观没有明显的结晶感，而正是这一点导致了钡无法形成大晶簇。

▲　保存在玻璃管里面的蒸馏钡晶簇碎块。

◀　蒸馏钡晶簇，虽然没有前面介绍的碱土金属蒸馏晶体那么抢眼，但是把它们放在一起对比观察也十分有趣。显微摄影画面的实际宽度为 16 毫米。

第 2 章　历史上的熟悉面孔

从硼族元素这一列往右，我们进入了元素周期表的右半部分（也被称作p区），这个区域中的元素会产生从金属过渡到非金属的现象，其中处于左下角的元素的性质偏向金属，处于右上角的元素的性质则偏向非金属。被夹在金属和非金属之间的元素称为"类金属"或"准金属"，它们兼具二者的性质。我们从本章介绍的两列元素中也能看到一些递变规律：IIIA族从硼（5）到铊（81），IVA族从碳（6）到铅（82），它们越来越像金属，而越往右，这种变化就来得越晚，打头的那种元素就越不像金属（请留意一下硼和碳的外观）。

那么金属和非金属的差异在哪里呢？举一个最简单的例子：金属容易和酸［通常是可以在反应中提供氢离子（H^+）的物质］发生反应，产生氢气（$M+2H^+=M^{2+}+H_2\uparrow$），而非金属容易和碱［通常是可以在反应中提供氢氧根离子（OH^-）的物质］发生反应，也产生氢气（$M+2OH^-+H_2O=MO_3^{2-}+2H_2\uparrow$）。金属和非金属在化学反应中扮演着相反的角色。

硼族元素的最外层电子数是3，它们在发生化学反应的时候一般容易失去这三个电子，像金属一样以离子的形态出现在化合物里面。碳族元素的最外层电子数是4，和硼族元素不同，它们失去这四个电子开始变得有一定的难度。这些元素在常见的化合物中往往以带有负电的"离子团"（或者被称作"酸根"）的形式出现，例如常见的碳酸根（CO_3^{2-}）、硅酸根（SiO_3^{2-}）。这是典型的非金属的性质。你只要仔细观察，就会发现与此类似的过渡现象在这个区域中非常常见。

扫描二维码，观看本章中部分
元素样品的旋转视频。

硼 Boron
10.811
5
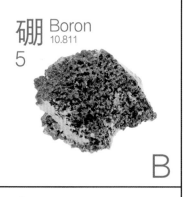
B

铝 Aluminium
26.982
13

Al

镓 Gallium
69.723
31

Ga

铟 Indium
114.818
49
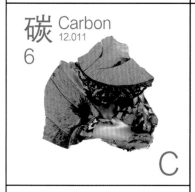
In

铊 Thallium
204.383
81

Tl

碳 Carbon
12.011
6
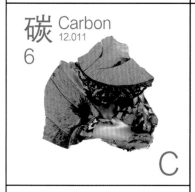
C

硅 Silicon
28.086
14
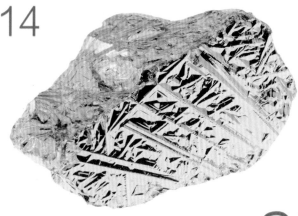
Si

锗 Germanium
72.630
32

Ge

锡 Tin
118.710
50

Sn

铅 Lead
207.2
82
Pb

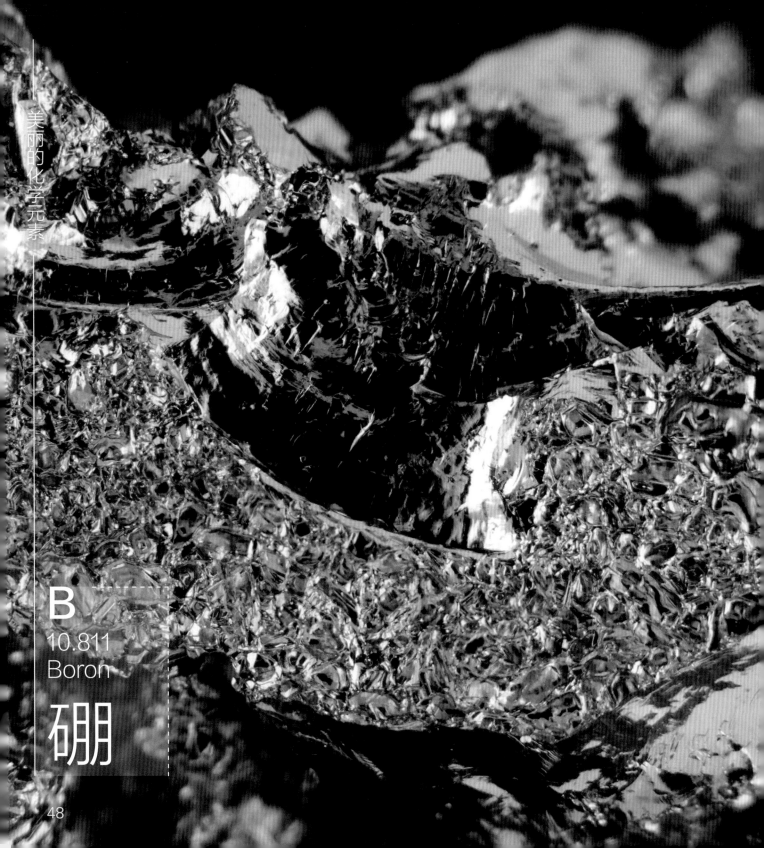

B
10.811
Boron

硼

元素序号符号：	熔点：
(5) B	2077 ℃
相对原子质量：	沸点：
10.811	4000 ℃
密度：	原子半径：
2.46 g/cm³	87 pm

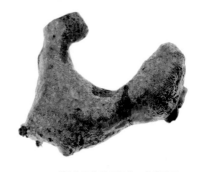

结晶态的硼是一种坚硬的亮黑色固体。当然，大多数时候人们接触的都是无定型的硼，它们大多是棕褐色粉末或结块。无定型的硼相当便宜，价格只有晶体块的几十分之一。由于极其易碎的性质，大块结晶硼很少见，它们一般在运输过程中就碎成小块了。因为没能做到坚硬与坚韧共存，纯净的硼的用途极少。

硼是根据硼砂命名的，因为人们最早是通过硼砂认识硼、获取硼单质的。硼砂是一种用途很广泛的化合物，它可以用作金属助熔剂，还可以用来清除熔化的金属表面漂浮的氧化物。熔化的硼砂能够和不同的金属氧化物发生反应，形成不同颜色的熔珠，这是很早以前用来定性分析和鉴别金属样品的方法。这么有趣的实验为什么没有出现在教材里面呢？我不知道。

硼的另一种重要化合物是硼酸，它具有一定的毒性，因此被大量用来杀虫。同时，它也是一种弱酸。课本告诉我们，被强碱溅到身上后，可以涂抹硼酸来中和剩余的碱液。人们常常把硼酸和硼砂搞混，但它们两个的差别可不小。硼酸的化学式是H_3BO_3，硼砂则是$Na_2[B_4O_5(OH)_4]\cdot 8H_2O$，这是两种截然不同的物质，你在使用的时候可不要搞混了。不过，它们的功用也有类似的时候，比如在玻璃中添加硼砂和硼酸都可以制成"高硼硅玻璃"。这种玻璃受热膨胀的程度比通常的玻璃小，在温度剧烈变化（如倒入开水）时不容易因为内外膨胀不均匀而破裂，因此更加耐热。在这里起作用的是二者都含有的硼的氧化物B_2O_3，而加入这两种化合物的目的是一同调节玻璃中钠（11）的含量。

硼单质的价格和它是不是结晶态有着密切的关系，不同状态的硼的价格截然不同。用下一种元素铝（13）制作的物品也有类似的问题，不过决定它的价格的主要因素是年代。

▲ 通过熔化制作的硼熔块，非常脆弱。

▶ 由立方氮化硼（BN）制作的刀片，具有很高的硬度，可以切割大多数物质。

▼ 由高硼硅玻璃制作的量杯，加入硼的氧化物可以使得它更能耐受温度的剧烈变化。

▼ 棕褐色的无定形硼粉结块，细碎的粉末很容易剥落，像巧克力粉一样附着在其他物体的表面。

▼ 保存在玻璃试管里面的硼晶体块，在运输过程中相互碰撞，掉落了许多粉末。

◀ ▲ 一块硼晶体，凹凸不平的表面具有明亮的黑色光泽，这个样品应该是在高温环境下通过还原硼的化合物制得的。一些看似光滑的平面实际上布满了细微的结晶颗粒。显微摄影画面的实际宽度约为 6 毫米。

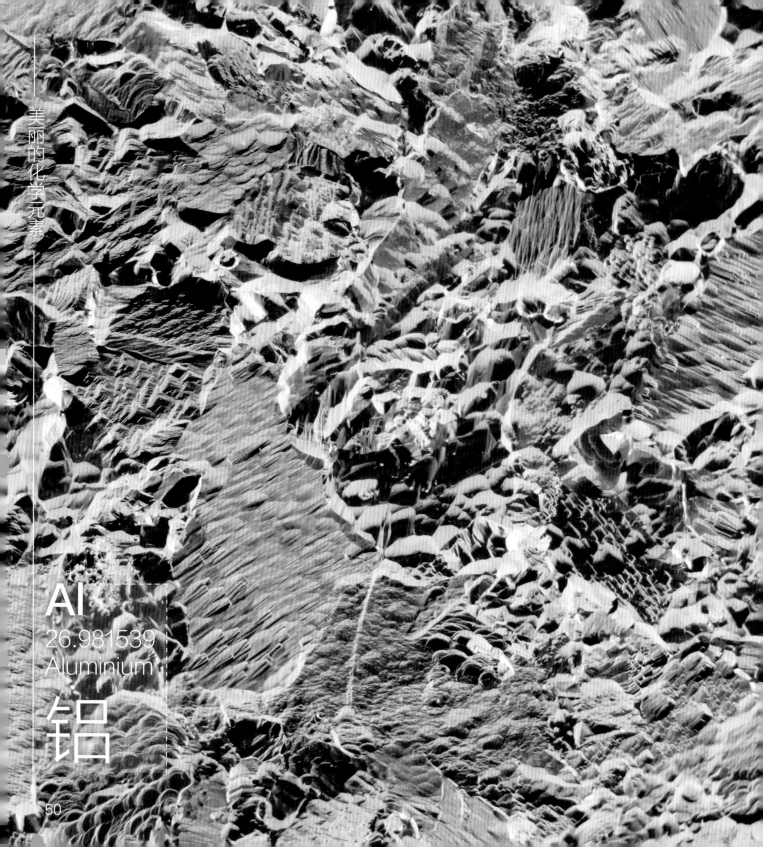

Al
26.981539
Aluminium

铝

铝是一种银白色金属，它的表面往往有一层致密的氧化膜，因此它具有一定的稳定性，可以在空气中稳定地存在。铝的性能非常优良，它的存在为我们的便利生活创造了许多可能，比如用于制造廉价而轻盈的易拉罐。前文提到决定铝的价格的主要因素是年代。不，你不用从现在开始积攒易拉罐，我不是说易拉罐放得越久越值钱。铝在地壳中的含量相当丰富，铝制品相当常见。我的意思是在铝刚刚被制取出来的时候，它是和金（79）、银（47）一样贵重的金属。这是为什么呢？

最早的铝是用金属钠（11）还原铝的化合物制得的，而获取钠要消耗大量能量，因此当时的铝非常珍贵，珍贵到只供皇室贵族使用。拿破仑三世[1]用铝盘子招待最尊贵的客人，而用金盘子招待次等重要的客人。然而这一切在1886年改变了。美国的霍尔和法国的埃鲁特[2]在这一年各自通过电解法制得了纯铝，此后铝的价格一落千丈，变成了平民百姓都可以使用的金属。如今，粉末状的铝是一种用途广泛的还原剂，我们把用铝粉在高温下还原其他金属氧化物的反应叫作"铝热反应"。这个反应因为操作简单、原料便宜而被广泛应用在工业中，同时也被记录在教材中，作为氧化还原反应的一个例子。学生对此的印象一定很深刻，因为这是高中化学里最壮观的反应之一。

在实际操作时，一定要注意安全。铝热反应的剧烈程度和要还原的金属氧化物的种类以及在混合物中添加的氧化剂有关。比如，用铝还原铜（29）的时候，由于反应过于剧烈，即便只使用了一点点铝热剂，也往往会发生十分危险的爆炸。

怎么说呢，作为过去高高在上的贵重金属，铝如今的身价低得令人惋惜。这个转变过程的确很戏剧化，但我们更应该为它的普及感到高兴，因为铝制品为我们的生活提供了太多的便利。然而，另一种金属元素镓（31）似乎就要和它对着干。这是怎么回事？

元素序号符号：	熔点：
(13) Al	660.32 ℃
相对原子质量：	沸点：
26.981539	2519 ℃
密度：	原子半径：
2.7 g/cm³	118 pm

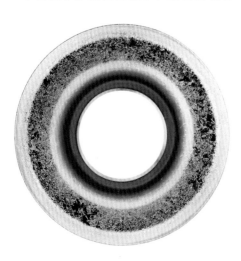

◀ ▲ 这块圆环状的铝是一个溅射靶。我会在下文介绍这种材料的用途。显微摄影画面的实际宽度约为 8 毫米。

▲ 氟铝石膏［$Ca_3Al_2(SO_4)(F,OH)_{10} \cdot 2H_2O$］，是一种较为少见的含铝矿石。

▲ 一块铝合金，来自索尼总部银座大楼外墙上装饰的百叶窗。这些百叶窗在更换下来之后被切割制作成了这样的纪念品。

◀ 通过垂直式布里奇曼法生长的巨大单晶铝棒。

▼ 表面有着清晰的结晶纹路的多晶铝立方。

[1] 拿破仑三世（1808 — 1873），法兰西第二共和国唯一一位总统及法兰西第二帝国唯一一位皇帝。
[2] 查尔斯·霍尔（1863 — 1914），美国发明家、工程师和企业家。保罗·埃鲁特（1863 — 1914），法国化学家。二人因发明了成本低廉的制铝方法而知名。

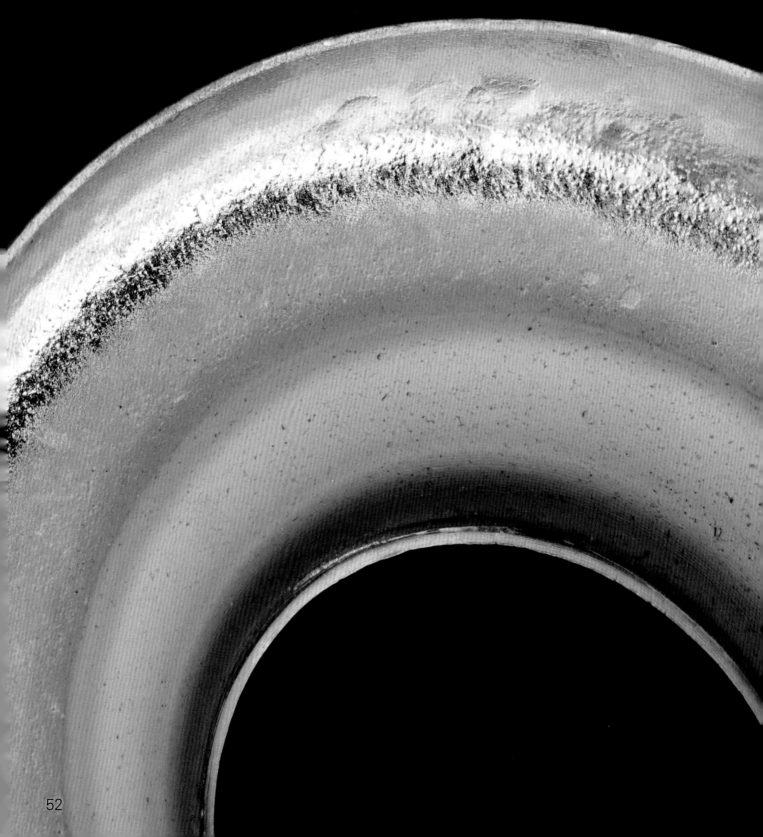

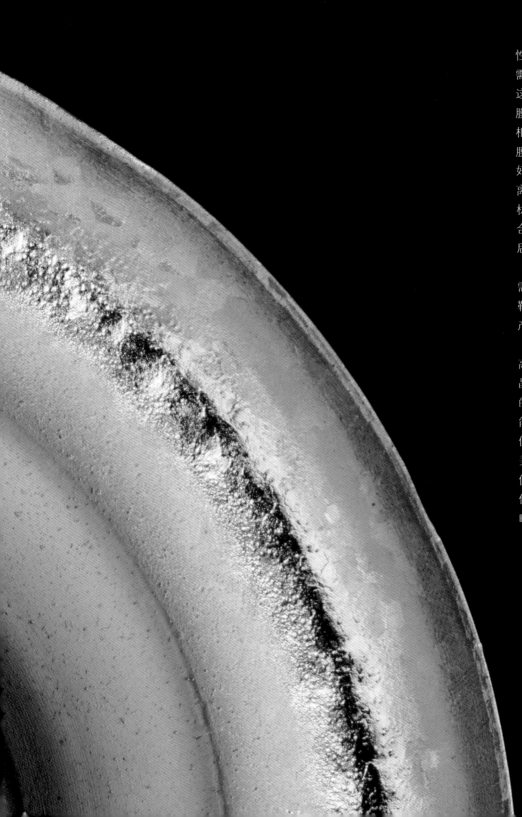

各种不同的材料具有不同的性质，因此有些时候人们出于特殊需求，需要在某个物件上镀上一层这样的物质。溅射靶是制作溅镀镀膜的原材料，可以用来制作物理气相沉积薄膜（当然，还有其他的镀膜手段）。在此过程中，一个熔炼好的、被称作"靶材"的圆盘被电离的高能离子流轰击。这个圆盘的材质可以是纯净的金属，也可以是合金或者一些化合物。在受到轰击后，靶材表面的部分原子就会被"溅射"出来，随同离子流运动到需要被覆盖的物体表面形成镀层，靶材也就被消耗掉了，它的表面会产生凹陷。

对于金属靶材来讲，使用时的高温环境可以使金属缓慢地重新结晶形成大颗粒晶体，这些晶体颗粒的轮廓在表面的原子被剥离之后就能显现出来。因此，一个经过长期使用的溅射靶表面往往有着有趣而美丽的外观，即便它们没有使用价值了。在本书的后面还会出现用其他元素制作的溅射靶，它们的外观略有不同。

Ga
69.723
Gallium

镓

镓是一种很有趣的金属，它的化学性质和同族的铝很像，部分化合物偏酸性。不过，镓的一个物理性质使它更加出彩。它的熔点比较低，只有29.76摄氏度，这意味着手心的温度就可以熔化一块镓。它会在手心中一点一点地变成液体，从指缝间穿过，滴落下去。

镓具有生殖毒性，徒手接触镓是很危险的，这种说法你一定听说过。然而，这种说法是错误的，不过并非完全错误。镓的单质没有生殖毒性，仅仅是它的一种有机化合物具有生殖毒性。到目前为止，没有任何证据说明单质态的金属镓有毒性。尽管如此，长期接触金属镓还是不太好，因为镓会附着在大多数物体的表面，然后在擦拭的时候被氧化，留下棕黑色氧化物痕迹，散发出一种奇怪的味道。当然，这种痕迹可以用橡皮擦除或者香皂洗掉，只是比较麻烦

而已。当熔化的镓碰到铝的时候，它可以溶解铝并形成合金，改变原来的金属结构，生成脆弱的合金，最后断裂。这也是镓被严格限制带上交通工具的缘故，因为镓的轻微泄漏就会严重破坏铝制品。

如前文说过，镓有一种让人头疼的性质，它会附着在许多物体的表面，这种现象叫作"浸润"。镓会浸润玻璃，当干燥的镓接触并在玻璃上流动的时候，它不会像汞（80）那样凝聚成一个一个液滴，而是像水一样在玻璃表面展开，然后黏着在玻璃上，难以被清除。这是因为镓在表面有氧化物的情况下接触玻璃表面的时候，二者之间的相互作用力大于使镓聚集成液滴的作用力。

不过，不能用玻璃容器保存镓还不完全因为这一点。镓还具有热缩冷胀的特性，即固态镓的密度比液态镓小，在凝固的过程中，镓会膨胀，使玻璃容器碎裂。这种性质也有一个好处：镓在凝固的时候结成的晶体会漂浮在液面上，我们能够看着它一点一点地长大，然后轻轻地把它取出来。铟（49）则不会这样，因此用熔化的方法制作它的晶体时就会麻烦一些。

元素序号符号：	熔点：
(31) Ga	29.76 ℃
相对原子质量：	沸点：
69.723	2229 ℃
密度：	原子半径：
5.904 g/cm³	136 pm

▲ 砷化镓（GaAs）晶体碎块。砷化镓是一种重要的半导体材料，常见于集成电路衬底。

◄ ▲ 一块镓的晶体簇，低熔点导致它很难长期储存。显微摄影画面的实际宽度约为 16 毫米。

▲ 经过特殊处理的玻璃管，内部装有一些镓，镓在流动的时候不会黏附在玻璃上。

▶ 镓会浸润绝大多数材料，有机玻璃也无法幸免，不过这个有机玻璃盒还是可以用来容纳固态镓的。

◄ 在地球上用镓制造硬币并不是一个好主意，因为它随时都有可能熔化，包括在使用者（人类）的手里。如果在它的外面加一层树脂，就会好很多。

▼ 用镓合金代替汞制造的体温计，外面的包装注明它的里面含有镓（Gallium inside）。

In

114.818
Indium

铟

元素序号符号：	熔点：
(49) In	156.60 ℃
相对原子质量：	沸点：
114.818	2027 ℃
密度：	原子半径：
7.31 g/cm³	156 pm

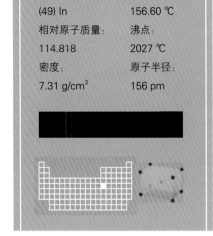

铟在工业上的用途不多，但是非常专一。铟的单质被大量生产出来，几十克至上百克的铟块十分常见。可以用小刀将铟块切碎，也可以用指甲在其上面留下划痕。哦，铟是一种非常柔软的金属。

当然，铟在真正发挥作用的时候并不是以纯净的单质形态出现的。这里有两个例子：IGZO和ITO。IGZO是铟的氧化物和镓（31）、锌（30）的氧化物的混合物，用来制造薄膜晶体管，以取代传统的非晶硅薄膜晶体管，用在高分辨率显示器的液晶屏幕中。ITO是铟的氧化物和锡（50）的氧化物组成的氧化物半导体。它们都是透明的导电体，它们之所以能够胜任这项工作是因为它们兼具电学上的传导性和光学上的透明性这两种性质，只不过它们的用处不同。IGZO是制造薄膜晶体管的材料，而ITO用于制作透明的导电镀层（后者的用量是前者的近6倍）。尽管二者仍有一些不足之处，但它们的性能目前是不能被其他材料取代的。能够肯定的是，随着液晶显示器的年产量逐渐增加，铟的需求量将会持续上涨，它的价格也会随之飙升。

好了，不纠缠于那些拗口的字眼了。如果用一句话来简要概括一下，那就是铟在电子工业中有着独特的需求，而那些需求的增长使铟的价格随之上涨。这就够了。下面我们来看两个有趣的现象。

拿一块镓，让它和铟的表面相互接触，然后用力挤压它们，就会发现它们相互接触的地方产生了液态合金——即便二者都是固态（前提是不要使镓熔化了）。镓和铟在接触的时候可以形成合金，而且合金的熔点很低，在室温下呈液态。镓铟合金和镓、铟单质一样，也会浸润玻璃。因此，不要将它滴到玻璃上面。

同样可以使用铟去刻划金（79），这样会在二者接触的地方产生蓝灰色的、擦不掉的痕迹。没错，它们形成了金属互化物AuIn$_2$，它还有一个名字叫作蓝金。是不是很神奇？通过灼烧这样的划痕，这种金属互化物就会分解，然后铟会被氧化并剥落，金还是原来的金。

这两个有意思的现象表明铟非常容易和其他金属形成合金，部分原因是铟在元素周期表中所处的位置靠近准金属，有和一些金属形成金属互化物的倾向，而它柔软的表面又能在和其他金属相互接触的时候产生形变，增大接触面积。铟还可以和其他一些金属形成不同熔点的合金，用在不同的领域中。铊（81）也是这样。

▶ 一块半球状的铟，通过简单的熔化得到。

▼ 这块铟锭的造型十分圆润，上面刻有这种元素的英文名称及其纯度（99.995%）。

◀ 通过熔化后冷却的方式制作的碗状铟结晶饼，内部布满了闪亮的鱼骨状结晶。

◀ ▶ 通过电解制作的铟晶体。通电沉积出来的晶体棱角分明，但由于铟的硬度比较低，这样的晶体十分脆弱，并且表面有细微的划痕。显微摄影画面的实际宽度约为13毫米。

▼ 一块透明且可以导电的氧化铟锡玻璃，如今常见的电子产品的屏幕几乎都含有这种化合物。

Tl
204.383
Thallium

铊

铊或许是我们了解得最少的一种元素。这也许缘于人类的本性：古往今来，人们都希望离那些会给自己带来伤害的物品越远越好，而铊就是其中之一。作为一种有毒的元素，铊的化合物曾经被用作毒药，甚至制造了一些非常可怕的谋杀案件。铊在中国也是受管制的，我们只能接触为数不多的几种含有铊的样本。

铊是典型的金属元素，单质具有银白色光泽，十分柔软，新鲜的断面暴露在空气中时很快就会变暗，这是由于生成了氧化物。铊的氧化物有两种，一种是+1价的Tl_2O，另一种是+3价的Tl_2O_3。你也许感到很奇怪，为什么一种IIIA族元素会展现出+1价的化合价？相比之下，更让人惊讶的是+3价的铊还不如+1价的铊稳定。

这要从铊的原子结构谈起。铊处于元素周期表第七周期的IIIA族，它的电子层中的5d电子轨道被充满之后，改变了其外边的6s轨道失去电子的难易程度。没错，6s轨道上的两个电子不再那么容易丢失了，这种现象称作惰性电子对效应。具有这种效应的元素不仅仅是铊，铊后面的铅（82）、铋（83）的族序数化合价（分别是+4和+5）都具有非常强的氧化性，而比其低2价的化合价（即+2价和+3价）会更稳定一些。

铊是一种非常有趣的元素。在元素周期表中，没有一种稳定元素能够像铊一样激起人们对于毒害及其其背后的原因如此大的兴趣。正因为人们接触不到铊，所以铊才显得更加神秘，人们对于网络上关于铊的谣言也就听而信之——

◀ ▶ 一块高纯度的金属铊，在经过蚀刻之后灰暗的表面展现出了模糊的结晶纹路。显微摄影画面的实际宽度约为5毫米。

反正大家都没见过，要这么说就这么说吧。

好在近几年这种现象得到了抑制，铊并没有被继续笼罩在由那些根本未曾接触它的人所捏造出来的耸人听闻的传言里。铊的确具有不小的毒性，而且更为可怕的是，铊的化合物往往无色无味，在服用下去第一时间内绝对不会被发现。铊在人体内会替代和它的离子半径相似、具有类似化学性质的钾（19），从而引发一系列复杂的反应，造成中毒。这种没有征兆的病症难以被诊断出来，因为非常多的疾病或多或少具有和铊中毒相似的症状。正因为如此，人们曾一度对铊中毒的诊断无从下手，而铊在那个时候是狡猾的投毒者的最佳选择。

值得庆幸的是，现在铊被管制了。但是，其他许多元素的毒性也很强，比如铍（4）和钡（56），只不过没有引起人们的重视罢了。我们去看看对生物友好的碳（6）吧。

元素序号符号：	熔点：
(81) Tl	304 ℃
相对原子质量：	沸点：
204.383	1473 ℃
密度：	原子半径：
11.85 g/cm³	156 pm

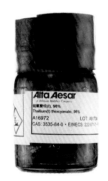

▲ 保存在玻璃管里面的金属铊柱。

▶ 硫氰酸铊（TlSCN），一种含有铊的白色粉末状化合物，被保存在棕色避光试剂瓶里。铊和它的化合物都有毒性，因此这瓶试剂的外包装上标明了它会对环境产生危害。

▼ 来自苏联的掺有铊的碘化钠（NaI）γ射线探测晶体透镜，需要在干燥环境中保存。

▼ 保存在玻璃管里面的金属铊，在熔化冷却后暴露出光亮的结晶。

C
12.0106
Carbon

碳

碳有很多种同素异形体，而且有趣的是，它们的名字都没怎么使用"碳"这个字。嗯，金刚石是碳，石墨也是碳，这两种常见物质的价格天差地别，而最大的原因就是它们的结构不同——它们内部碳原子的排列方式不同。而所谓的足球烯[1]具有独特的足球状分子结构，从而导致它们的宏观样本的外观大不相同。

回到大家最熟悉的金刚石和石墨上。一些资料告诉我们看起来坚硬无比的金刚石实际上没有看上去软塌塌的石墨稳定。石墨要吸收一定的能量才能转变成金刚石，这间接表明金刚石的燃烧热比石墨高。尽管很难想象金刚石燃烧时的现象，但它也会灰飞烟灭，变成普通石墨燃烧时生成的二氧化碳（CO_2）。

用石墨制作的铅笔芯已经陪伴我们好久了。没错，铅笔芯不含铅（82），一点都不含，而是由石墨和黏土的混合物制成的。铅笔外面的油漆却可能含有铅，这没让你失望吧？这让我想起来在我上小学的时候有一个同学很喜欢吃铅笔芯。事实表明，他根本没有像大人说的那样吃完铅笔芯之后智商变低。他一直都没事，除了比我矮一点。当然，我说这件事不是支持你去啃铅笔，而是借此机会告诉你石墨的一种容易让人产生误会的用途。

碳是一种可爱的非金属，它的原子的最外层有四个价电子，而且相对原子质量和半径都比较小，所以碳能够和氢（1）、氧（8）、氮（7）等元素组成结构复杂多变、能够发挥多种功能的有机物，从而保证了生命的存在（研究它们的学科叫作有机化学）。这里不去深入探讨有机化学，因为它过于复杂了。不过，我希望你在接下来读到硅（14）的时候有一个清醒的认识：硅确实是半导体材料的核心，但是硅绝对不是构造生命的好材料。

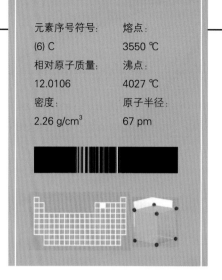

元素序号符号:	熔点:
(6) C	3550 ℃
相对原子质量:	沸点:
12.0106	4027 ℃
密度:	原子半径:
2.26 g/cm³	67 pm

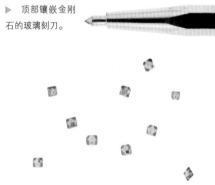

▶ 顶部镶嵌金刚石的玻璃刻刀。

▲ 一些人造的金刚石，具有和天然金刚石一样的硬度，由于含有少量氮（7）等其他元素杂质，因此颜色发黄。

◀ 铅笔是常见的书写工具，它的笔芯是由石墨和黏土制成的。

▶ 一片方向性很强的热解石墨科学玩具。碳具有抗磁性，它在遇到磁体的时候会产生排斥作用，因此这片石墨可以飘浮在磁铁上面。

▼ 由碳纤维和石墨制成的电吉他琴颈，音色十分独特。

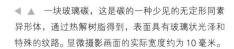

◀ ▲ 一块玻璃碳，这是碳的一种少见的无定形同素异形体，通过热解树脂得到，表面具有玻璃状光泽和特殊的纹路。显微摄影画面的实际宽度约为 10 毫米。

---

[1] 足球烯是一种由 60 个碳原子构成的分子，具有 60 个顶点和 32 个面，其中 12 个为正五边形，20 个为正六边形。

Si

28.0855
Silicon

硅

62

随着工业的发展，硅的提纯越来越容易，它也成为了人类所能获得的纯度最高的元素。这不是因为硅有什么特性，而是因为工业对硅的需求促进了技术发展。人们为了制造计算机芯片、半导体材料而去寻找获得高纯度硅的方法，把硅提炼到了极高的纯度。

在海边抓一把沙子，把它们用焦炭或者其他一些还原剂还原成硅单质之后，你会发现硅是种坚硬的钢灰色固体。硅是地壳中的含量第二多的元素，含量最多的元素是氧（8）。你或许会问，硅和氧所形成的化合物在地壳中的含量是不是也很多？没错，二氧化硅（SiO_2）和硅酸盐就是构成地壳的主要物质，而且二氧化硅在地球上会以多种矿物的形式出现，如水晶、玛瑙等。它们有的因为含有杂质而显得非常漂亮。

硅位于元素周期表中碳（6）元素的下面。和碳一样，每个硅原子可以形成四个化学键，从而连成长链。你也许会想，生物体中的碳可不可以被替换成硅呢？

没错，这就是科幻作家笔下的硅基生物[1]。这种想法固然是美好的，但是有一个随之而来的问题：硅的原子半径比碳大，所形成的化学键并不会像碳那样牢固。另外，硅的相对原子质量也比碳大。设法计算一下，如果一个葡萄糖分子（$C_6H_{12}O_6$）中所有的碳都被硅取代，那么它的分子的质量会增加53%，这意味着它在生物体内代谢的时候需要更多的能量去运输，然后生成二氧化硅（白色粉末），再将其排出体外。想一想，这是一件很疯狂的事情。硅无法成为支撑生命的骨架，但在半导体工业中有着举足轻重的地位。锗（32）可能面临着和硅相似的处境，不过它的用途似乎更少一些。

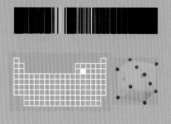

元素序号符号：	熔点：
(14) Si	1414 ℃
相对原子质量：	沸点：
28.0855	3265 ℃
密度：	原子半径：
2.33 g/cm³	111 pm

▲ 看上去像菜花的多晶硅块，是通过气相沉积法生产的电子级工业产品。

◀ 最常见的硅原料，是在工业生产中经过初步还原得到的多晶硅。

▶ 一根细长的单晶硅棒，作为提拉用的晶种。

▼ Knapic Electro-Physics 公司 1960 年生产的 P 型单晶硅，是硅谷最初制造芯片的原料。

▶ 表面刻有电路的单晶硅圆，是单晶硅柱的切片。

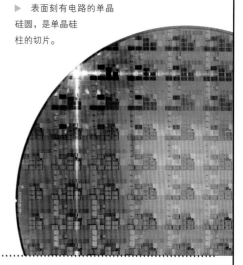

◀ ▲ 用工业提拉法生产单晶硅时的副产品多晶硅。熔化的硅在熔炉的底部慢慢冷却，从而在表面形成了美丽的结晶纹路。这样的多晶硅实际上是提拉末期杂质含量较高的硅冷却后得到的，纯度相对来说会低一些，但是非常漂亮。显微摄影画面的实际宽度约为 19 毫米。

[1] 以硅及其化合物为主的物质构成的生命，于 1891 年由波茨坦大学的天体物理学家儒略·申纳提出。

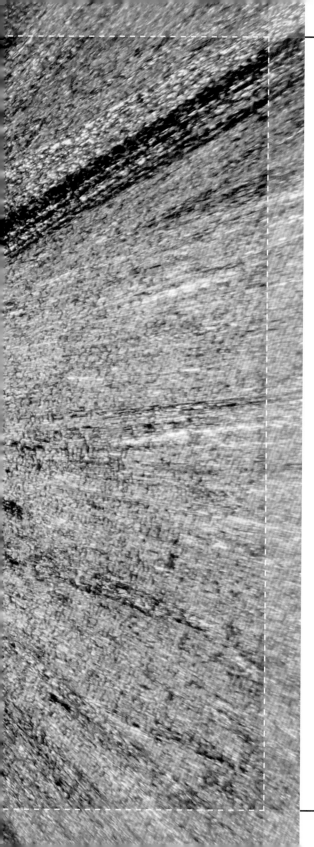

由于硅原子最外层有四个电子，具有特殊的导电性，所以硅可以被制成高纯度的单晶半导体，通过掺入不同的物质获得特殊的性质。常见的太阳能电池就是它的一种应用。光线照射使得半导体中的电子定向移动形成电流，从而把光线的能量转化成了电能。太阳能电池的普及使得"单晶硅"和"半导体"成为了大家耳熟能详的名词。

实际上，多晶硅也可以用来制成这样的电池板，只不过相对于单晶硅电池板，它的光电转化效率要低一些，但是生产工序更加简单，从而使它也成为了一种十分受欢迎的材料。经过特殊处理，这样的原材料也可以展现出十分独特且美丽的结晶纹路。这种处理方法十分简单，我将在下一页中进行详细介绍。

◀ ▲ 一块圆形的多晶硅材料，是从一根硅棒上切割下来的。这根硅棒应该是通过气相沉积法制作的，我们能够观察到呈放射状的、由中心向四周发散的结晶纹路。显微摄影画面的实际宽度约为 19 毫米。

▼ 常见的太阳能电池板可以由单晶硅制作，也可以由多晶硅制作。图中展示了一块经过处理的多晶硅电池板切片及放大之后的结晶纹路，显微摄影画面的实际宽度约为 19 毫米。

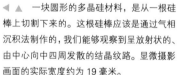

专题二 蚀刻暴露结晶

还记得以前介绍的通过熔化后冷却结晶的方式制作晶体的方法吗？是的，熔化的纯净元素在冷却过程中会缓慢地生长出晶体。如果你想看到它，就要在熔化的元素完全固化之前让液态部分流走，这样固态晶体就会暴露出来。如果在凝固的时候晶体生长不受到影响，最终它们就会汇聚并相互连接在一起，形成一个光滑、平整的表面。

事实上，我们在日常生活中能接触到的所有金属材料的内部都是由这样的结晶颗粒"堆积"起来的，它的表面也有这样的结构，只不过经过了抛光处理，所以没有展现出来。

用化学试剂进行蚀刻能够让晶体的结晶纹路暴露出来。蚀刻后的材料表面的纹路会随着光线的变化而变化。这表明结晶颗粒的朝向是不同的。一个由不同朝向的晶粒组成的表面经过蚀刻后，材料本身会被消耗，而具有不同朝向的晶粒的消耗速度也是不同的，从而让原本平整的表面变得凹凸不平了，各个晶粒之间方向的差异就展现出来了，因此最后呈现出了轮廓明显、大小不一的结晶纹路。幸运的是，大多数具有结晶结构的材料经过合适的处理（处理硅时使用的是碱液，在处理金属的时候则可以使用酸液）后都可以展现出这样的纹路，这无疑让很多元素增加了另外一种有趣的样品。

实验步骤

1. 称取适量氢氧化钠（NaOH），加水配置成浓度为30％的溶液。

2. 将抛光好的多晶硅材料浸入碱液中，碱液的腐蚀可以让晶粒展现出来。

3. 当蚀刻基本完成后，将多晶硅从碱液中取出，用蒸馏水冲洗干净，然后擦干其表面即可。

注意事项

实验中所选用的多晶硅材料预先经过了热处理结晶，并非所有多晶硅材料都可以展现出这样的结晶纹路。氢氧化钠溶液具有很强的腐蚀性，在操作时若不慎沾染，应立即冲洗、擦拭，然后用硼酸清洗，视情况就医。

▶ 扫描二维码，浏览更多在线资源。

实验试剂
1. 氢氧化钠。
2. 蒸馏水。
3. 预先经过处理和抛光的多晶硅。

实验器材
1. 烧杯。
2. 玻璃棒。

▶ 对页为在氢氧化钠溶液里面蚀刻多晶硅表面的照片，硅和氢氧化钠发生反应产生了大量氢气（H_2）。

▼ 实验材料，同时展示了一块未经过蚀刻的多晶硅（左）和一块经过蚀刻的多晶硅（右）。

前文提到，在受到腐蚀的时候，不同朝向的结晶颗粒会以不同的速率被消耗。以硅为例，下表展示了硅在不同浓度（30%、40%和50%）的氢氧化钾（KOH）溶液中发生反应时各种朝向的结晶颗粒被消耗的速度，反应温度为70摄氏度。

晶体方位	氢氧化钾溶液的浓度		
	30%	40%	50%
(100)	0.797 (0.548)	0.599 (0.463)	0.539 (0.619)
(110)	1.455 (1.000)	1.294 (1.000)	0.870 (1.000)
(210)	1.561 (1.072)	1.233 (0.953)	0.959 (1.103)
(211)	1.319 (0.906)	0.950 (0.734)	0.621 (0.714)
(221)	0.714 (0.491)	0.544 (0.420)	0.322 (0.371)
(310)	1.456 (1.000)	1.088 (0.841)	0.757 (0.871)
(311)	1.436 (0.987)	1.067 (0.824)	0.746 (0.858)
(320)	1.543 (1.060)	1.287 (0.995)	1.013 (1.165)
(331)	1.160 (0.797)	0.800 (0.619)	0.489 (0.563)
(530)	1.556 (1.069)	1.280 (0.989)	1.033 (1.188)
(540)	1.512 (1.039)	1.287 (0.994)	0.914 (1.051)
(111)	0.005 (0.004)	0.009 (0.007)	0.009 (0.010)

上表中的数据为硅在该浓度的氢氧化钾溶液中的侵蚀速率（单位为微米/分钟）以及该速率和（110）晶向的硅在30%浓度的氢氧化钾溶液中的侵蚀速率的比值。例如，（111）晶向的硅在40%浓度的氢氧化钾溶液中的侵蚀速率为0.009微米/分钟，是（110）晶向的硅在30%浓度的氢氧化钾溶液中的侵蚀速率的0.7%。可以看到，硅在氢氧化钾溶液中并不会以非常快的速度被消耗，但是这种程度足以让不同朝向的结晶从原本平整的表面剥离开，展现出清晰的轮廓。除了硅，其他材料也具有这样的性质，而通过蚀刻平整表面后观察结晶颗粒的大小，可以研究材料内部的组织结构，这在材料学中称为"金相腐蚀"。

Ge

72.630
Germanium

锗

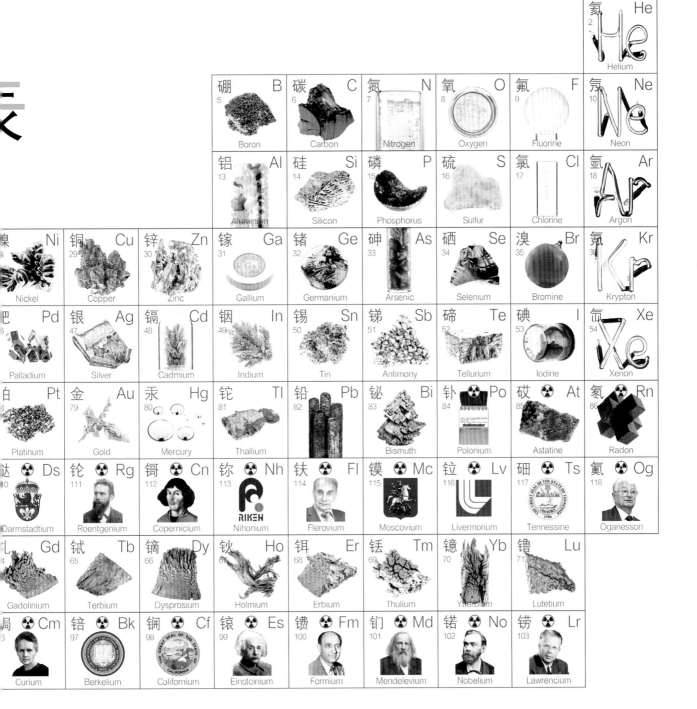

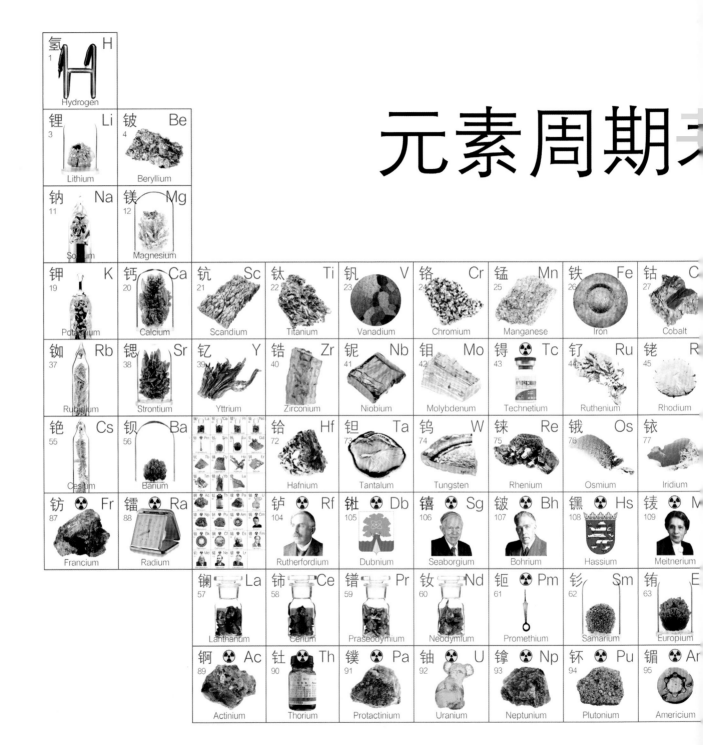

元素周期表

提起锗，很多人想到的都是二极管。没错，锗二极管是最早被制造出来的半导体器件之一，但是被后来出现的稳定性好、工作频率高、反向电流小的硅二极管取代了。其实锗二极管被硅二极管取代，性能的差异只是原因之一，还有一个原因是锗二极管的性能由锗提炼的纯度决定，而硅二极管的性能取决于其中掺杂的物质，这导致了二者的生产成本相差甚远，锗二极管便被淘汰了。

不过，锗并非一无是处。抛开锗石床垫和含锗保健品不谈（出售这些保健品的商家宣称锗有益于健康，但没有科学依据），锗的单质还有一个十分独特的性质：金属锗呈淡黄色并带有金属光泽，拿在手里时触感像塑料，但当我们透过红外线看它的时候，它就会变成透明的了。没错，锗对红外线是透明的，因此可以用来制作有特殊用途的透镜。说到这里，你有没有想到哪种元素单质也可以用来制作在某些场合下是"透明"的透镜呢？不用往回翻书了，那就是X射线下透明的铍（4）。

其实说了这么多，只有很少一部分人见过锗的单质，这是因为能给人留下足够深的印象的锗太少了。它和硅（14）的确有点像，商业用途的纯锗往往是以经过多次熔炼提纯的锗晶条的形式出售的，它们都是长长的淡黄色条状物，很少有人能一眼认出来它们是什么。把它们砸碎之后，它们才会显示出断面的光泽和细腻的纹路，和硅一样。谁让锗是在硅正下面的元素呢？不过再往下一点就到了锡（50），这是一种典型金属。

元素序号符号：　　　熔点：
(32) Ge　　　　　　938.25 ℃
相对原子质量：　　　沸点：
72.630　　　　　　 2833 ℃
密度：　　　　　　　原子半径：
5.323 g/cm³　　　　125 pm

▲ 一片在切开后经过打磨的区域熔炼锗锭切片，通过酸洗暴露出了其内部的结晶纹路。

▲ 一块锗锭的碎片，表面略被氧化发黄。

▶ 以熔炼方式制作的锗饼，其表面有清晰的结晶纹路。

▼ 采用区域熔炼法提纯的锗棒，是非常昂贵的样品。它的侧面也有冷却时收缩形成的结晶纹路。

▼ 一盒锗二极管，现在已经很少用了。

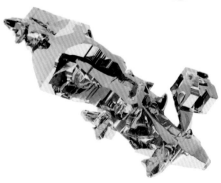

◀ ▲ 通过气相沉积法得到的锗的结晶，其表面的枝晶非常脆弱。显微摄影画面的实际宽度约为 6 毫米。

▶ 一个使用了锗二极管的吉他效果器。锗二极管会带来什么不一样的效果吗？我不知道，有时间可以试试。

Sn

118.710

Tin

锡

锡和位于其下面的铅（82）组成的合金是我们接触的第一种能够准确地说出成分的合金，它由63％的锡和37％的铅组成，叫作共晶焊锡。在这种比例下，它的熔点最低，适合用来焊接。不过，锡的高知名度并不依赖焊锡。锡单质的用途不算少，不过这要看不同的区域了，离赤道越远，纯锡制品就越罕见。这缘于锡的一种特性——锡疫。

锡在元素周期表中的位置非常接近那些非金属，所以它具有一些非金属单质的性质，比如存在同素异形体。锡有三种同素异形体：白锡、灰锡和脆锡。我们常见的锡制品是用白锡制作的，但是它在低温环境中有向灰锡转变的趋势。此时，它的晶体结构会发生改变，由正常的金属晶体变成像金刚石中碳（C）原子那样的堆积排列方式。由于锡原子比碳原子大了不少，因此灰锡的晶体很容易破碎，通常呈细碎的粉末状。

这不难理解。我能在云南买到由纯锡做的茶叶罐（摄入微量的锡对人体不会造成损害，而锡罐的密封性好，可以用来保存茶叶，能够起到杀菌、防潮的作用），又能在东北的金属批发市场上找到灰锡。当地的气候决定了锡的形态，也就决定了它的用途。锡疫是一个神奇的反应，不过它的速度不算太快。尽管生成的灰锡能够催化这个反应，但一块指尖大小的锡在温度合适的情况下完全转化成灰锡至少需要三天时间。锡的这种性质广为人知，被认为是造成历史上的一些悲剧的原因[1]。

好了，锡这种元素对于我们来说太常见了，甚至一提到锡，我们的脑海里面马上就会浮现出很多物品。锡是一种可爱的金属，到了下一种元素铅（82），情况可能就没有这么好了。

元素序号符号：(50) Sn
相对原子质量：118.710
密度：7.310 g/cm³
熔点：231.93 ℃
沸点：2602 ℃
原子半径：145 pm

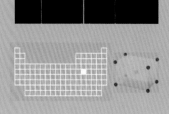

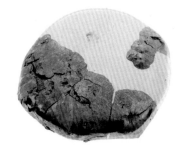

▲ 一块正在向灰锡转变的锡饼。

▼ 经过区域熔炼法提纯的锡块，具有极高的纯度。

▶ 通过提拉法制作的锡棒，其表面有着清晰的纹路。

▲ 焊锡是最常见的锡合金，由63％的锡和37％的铅组成。在这种比例下，它们会形成共晶，具有特定的熔点。

◀ ▲ 一块高纯度（99.999％）锡，树枝状的结构十分独特。显微摄影画面的实际宽度约为8毫米。

▶ 锡的熔点很低，很容易被熔化和进行浇铸。液态锡在冷却时会形成鱼骨状结晶。

▲ 通过酸液蚀刻展现出金相纹路的锡柱的顶部。

◀ 纯锡茶叶罐，里面有一些茶叶，来自作者父亲的收藏。

[1] 一些史学家推测，英国科考队在南极遇难、拿破仑兵败莫斯科可能是因为锡制品在寒冷天气下被破坏。

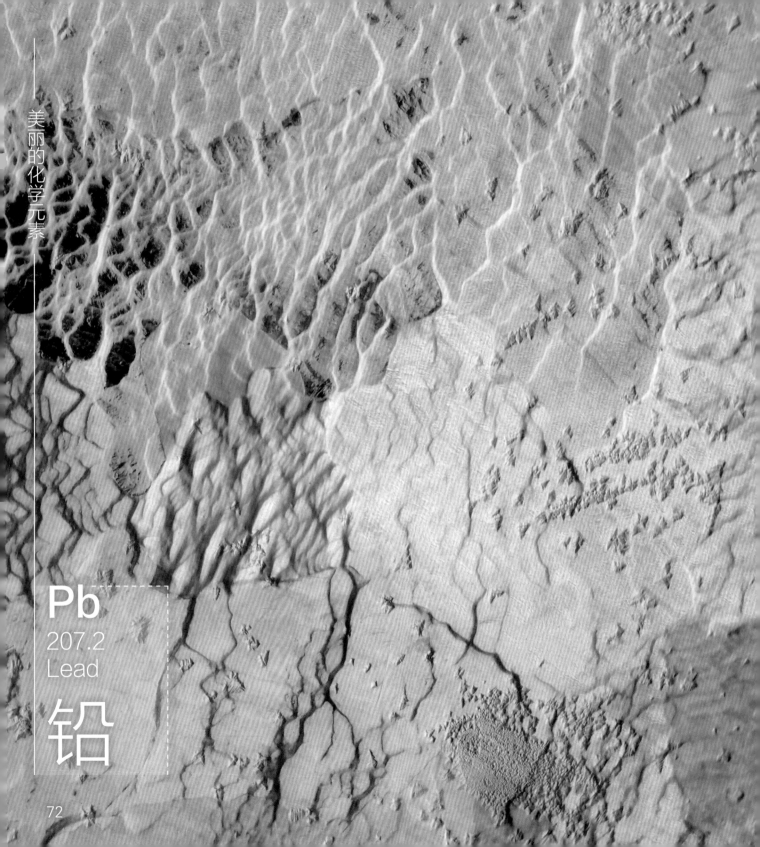

Pb
207.2
Lead

铅

铅实在太常见了，它是一种表面发黑、十分柔软且沉甸甸的金属。人们似乎总是习惯性地把它的名字添加到具有一种比较类似的性质的物品中，比如由铸铁制作的沉重的"铅球"、由石墨制作的黑乎乎的"铅笔芯"。人们究竟把"铅"混用在了多少和它无关的领域中，没人能统计清楚，但是我们能从中知道，铅对于我们来说有着非常重要的作用。

人们意识到铅有毒并不是很久以前的事情，我们还能够找到用铅制作的玩具，这是一个铁证。过去，人们认为铅是一种非常好的金属，它的熔点低，容易铸造和加工成型，其表面在空气中形成的碱式碳酸铅[$(PbCO_3)_2 \cdot Pb(OH)_2$]具有一定的稳定性。但是，人们忽略了它的毒性。今天看来，用一个由铅制作的杯子喝酒是一件彻头彻尾的蠢事，但在过去，这是一种享受。酒中的醋酸（CH_3COOH）会慢慢地腐蚀铅，形成可溶性的醋酸铅[$(CH_3COO)_2Pb$]。这听上去糟糕透了，但是这种有毒的化合物可怕的原因不在于它能在饮酒者的体内储存，而是它会带来一股甜味。对，这种化合物的味道是甜的，因此人们很难摆脱用铅杯子喝酒。想试试看了？这可不好，铅会损害人的神经，摄入它只有害处。

值得欣慰的是，人们已经意识到了铅所带来的危害，并采取了许多手段避免铅中毒，但这并不表示我们就和铅完全隔开了。实际上，和铅笔外面的涂料一样，我们周围的环境中充满了铅，比如许多印制品所用的油墨。这不是说来吓人的！想一想快餐店盘子中的那张垫纸上面写着什么字。不，不是这个餐厅有什么餐品在打折，而是不要让这张纸和食物直接接触，因为彩色油墨往往含有一些铅（用来加快油墨干燥）。人们不能不使用铅，但是应尽量避开它带来的危害。

话说回来，铅就是铅，不管我怎么说，它都不会改变。如果我说的话能够让一些人消除对一些元素的恐惧，理智地对待它们，不再那么惧怕和讨厌它们了，那就太好了。当然，如果他们能喜欢上其中几种，那么对我来说就再好不过了。对于那些具有华丽外表的元素，我不用说很多，但是把铅的闪光点发掘出来，不得不说还真有一定的难度。

元素序号符号：	熔点：
(82) Pb	327.46 ℃
相对原子质量	沸点：
207.2	1749 ℃
密度：	原子半径：
11.34 g/cm³	154 pm

▲ 保存在玻璃管里面的金属铅碎块。

▲ 铅在以前是制作印章的常用材料，在掺入其他元素之后，它的硬度会提高，从而变得更耐用。这是一些古老的铅合金印章，保存在一个雪茄盒里。

▲ 铅坠，常见且廉价的配重工具。

▶ 用提拉法生产的纯度极高的单晶铅棒，是罕见的工业测试品。由于铅具有较为活泼的性质，厂家采用双层包装以隔绝空气。

◀ 一些纯铅焊条，是一种很便宜的焊接材料。

▼ 经过挤压，柔软的铅条填满了这个玻璃罩。

◀ ▲ 有一定年份的高纯度铅锭，表面具有有趣的结晶纹路和颗粒。显微摄影画面的实际宽度约为16毫米。

第3章 多姿多彩的三大家族

随着一路向右，接下来主族元素的最外层电子数依次递增，分别是5、6、7。根据主族元素的命名习惯（用罗马数字标记它们的最外层电子数，用A和B区分它们是主族元素还是副族元素），这几族元素被分别命名为VA族元素、VIA族元素和VIIA族元素。

VA族和VIA族的前几种元素是对生命体有着重要意义的元素，尤其是氮（7）和氧（8）。它们是空气的主要成分，也是生命体中不可或缺的两种重要元素。同样重要的还有分别位于它们正下方的磷（15）和硫（16），二者是构成支持我们生命活动的复杂蛋白质等物质的关键。没有这些元素，就没有现在坐在这里读书的你。到了这个区域，原子开始"共享"电子，即组成分子，从而达到稳定的形态。而这些分子可能有着不同的组合方式，因而具有不同的性质。这就是我们常说的同素异形体。即将讲到的磷可以用来很好地解释这种现象。

与其他主族元素按照它们的第一种元素称呼不一样，我们习惯把VIIA族元素称为"卤族元素"。"卤"的字面意思是制盐时剩下的苦味汁液，这表明这一组元素和我们常说的"盐"（氯化钠，NaCl）有着紧密的联系。是的，这一族元素都是性质活泼、不折不扣的非金属元素，它们的最外层有7个电子，距离化合态中的稳定形态还差一个电子。因此，卤族元素很容易接受金属元素给出的电子，二者会发生反应形成金属卤化物。比如，活泼的钠（11）和氯（17）形成的氯化钠就是其中最典型的代表，组成盐的元素越活泼，得到的盐就越稳定。许多卤化物有着有趣的性质，它们会出现在本书后面的内容中。

扫描二维码，观看本章中部分
元素样品的旋转视频。

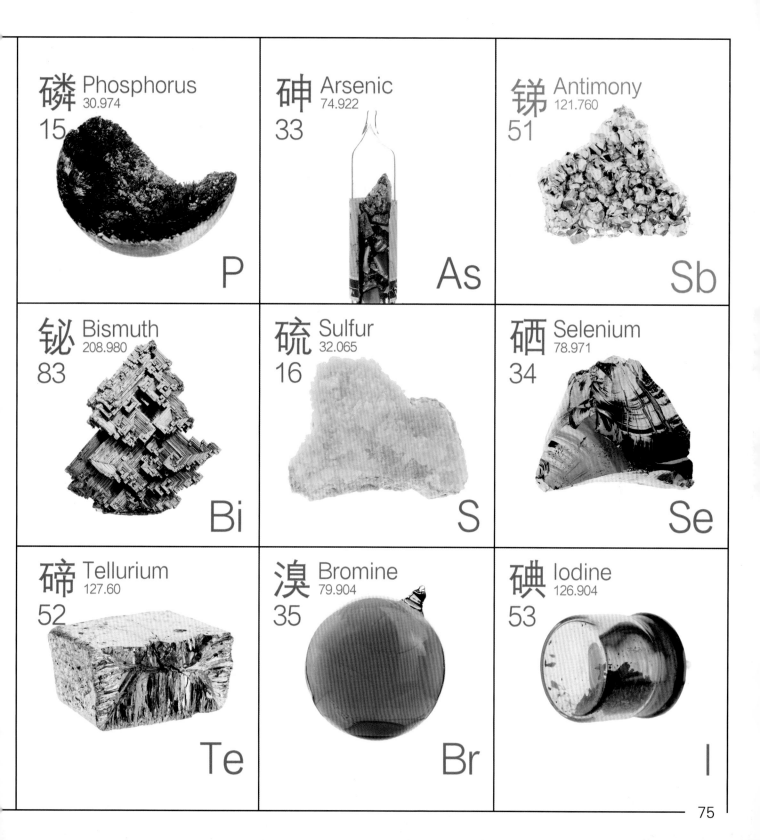

磷 Phosphorus
30.974
15
P

砷 Arsenic
74.922
33
As

锑 Antimony
121.760
51
Sb

铋 Bismuth
208.980
83
Bi

硫 Sulfur
32.065
16
S

硒 Selenium
78.971
34
Se

碲 Tellurium
127.60
52
Te

溴 Bromine
79.904
35
Br

碘 Iodine
126.904
53
I

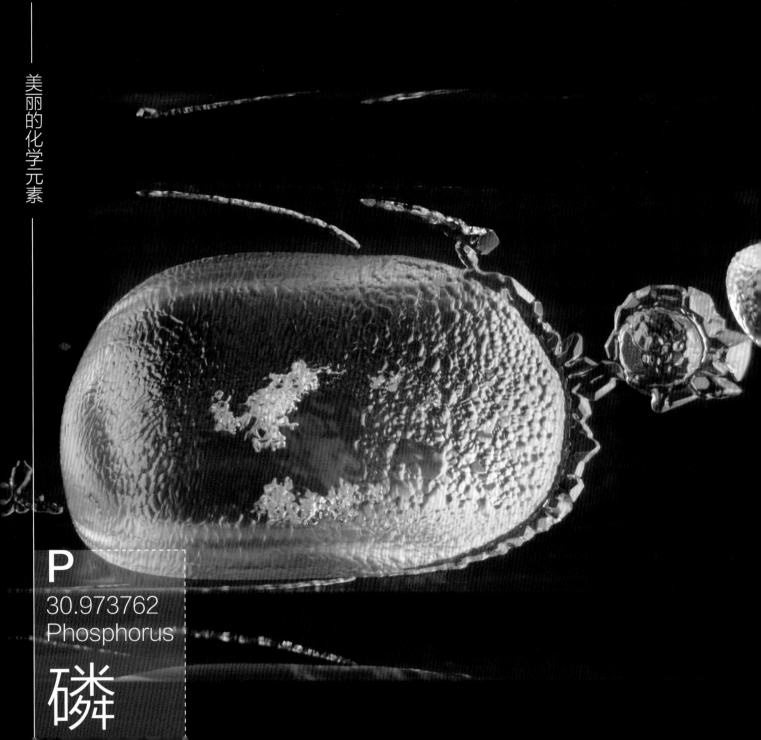

P
30.973762
Phosphorus
磷

在说到磷的时候，我们往往会想到棕褐色的红磷粉末和颜色偏黄的蜡状黄磷。这是由于磷有多种同素异形体的缘故。有一种说法认为黄磷和白磷是同一种物质，不过它们之间还是有微妙的区别的。由 P_4 分子形成的纯净物质是透明的，叫作白磷。白磷受到光照的时候表面会生成一部分红磷，红磷分散在白磷里，因而显黄色。当然，这只是一种解释。磷还有其他同素异形体，比如黑磷和紫磷。它们具有更加复杂的结构。

好了，如果单说磷的某种单质的话，我最愿意在这里讲一讲白磷。白磷的分子是由四个磷原子形成的正四面体结构，每个磷−磷键的键角被弯曲成了60°，致使它们有断开的倾向。这使得白磷的性质不稳定，十分易燃。实验室中的白磷（呃，就当它还没有变成黄磷吧）往往会被保存在水里。当它被取出来接触空气的时候，就会被氧化，产生白烟。这个反应是放热反应，还伴有微弱的发光现象。当在黑暗处观察一块暴露在空气中的磷时，可以看到它发出的淡绿色的光能清楚地展示自己的轮廓。白磷在被氧化的时候会发热，这也就意味着热量聚集到一定程度时就会开始另一种更加剧烈的氧化——燃烧。由于白磷的燃点非常低，由白磷导致的火灾往往很难被扑灭，剩余的白磷随时会被残存的余热重新引燃。

磷元素也存在于人和动物的骨骼中。我们往往被告知墓地里会出现鬼火，这是骨骼中的磷元素被微生物分解生成了磷化氢（PH_3）在空气中自燃的缘故。然而，砷（33）对人体是有害的。

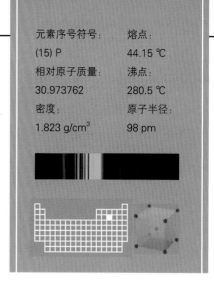

元素序号符号：
(15) P
相对原子质量：
30.973762
密度：
1.823 g/cm³

熔点：
44.15 ℃
沸点：
280.5 ℃
原子半径：
98 pm

▲ 普通的白磷看上去呈白色，但那缘于其表面的氧化物，把它切开之后，断面往往是暗黄色。

▲ 一份白磷，经过长时间的保存，玻璃管的内壁上已经沉积了透明的大颗粒结晶。

◀ ▶ 通过蒸馏制备的白磷，磷蒸气在冷凝的时候形成了雪花状结晶。白磷并不稳定，在含有极微量的杂质时很容易因受到光照而变黄，如右图所示。显微摄影画面的实际宽度约为 10 毫米。

▶ 电子工业中使用的高纯度红磷，它的表面带有紫色色调，因此有时会被人们误认成磷的另一种同素异形体紫磷。

▶ 另外一个被称作紫磷的样品。

▼ 用希托夫法[1] 在液态铅中沉积生成的紫磷，具有单层分子结构，是真正意义上的紫磷。

◀ 可乐等一些碳酸饮料中往往添加有磷酸（H_3PO_4），这是为了保证其中含有足够的二氧化碳（CO_2）并调节口感。

[1] 约翰·希托夫（1824 — 1914），德国化学家和物理学家，曾研究过不同形态的硒和磷。

除了红磷和白磷，黑磷是次于它们的常见同素异形体。组成黑磷的磷原子的排列方式和组成石墨的碳（6）原子类似，呈层状排布。因此，黑磷的性质稳定，具有金属光泽，并且可以导电。

但黑磷不是元素收藏者在收集磷元素的时候首先考虑的样品，原因非常简单：黑磷十分昂贵，而且很少被制备出来。

但这也仅限于过去，几年前黑磷样品都是由白磷在高温高压环境下（往往还伴有一些催化剂）长期反应转变而来的。这样获得的黑磷呈块状，内部分子排列杂乱，仅限于用于研究一些基本性质，没有什么实际用途。

后来，科学家通过计算发现，薄片状黑磷具有和石墨烯一样的优良性能，在对尺寸要求很高的微电子设备生产领域有着十足的发展潜力，因此制备层状黑

磷的工艺也随之被开发出来。现在常见的一种制备黑磷的方法是以红磷为原材料，在真空玻璃管中和锡（50）以及四碘化锡（SnI_4）混合并加热，这样能够沉积出片状的黑磷结晶集合体。

在使用黑磷的时候需要的是单层黑磷，因此需要把这样的集合体"剥开"。完成这项精细的工作肯定不是用手撕这种粗糙的方法。常见的分离方法是在溶剂中用声波分散，然后通过离心作用，根据不同的大小来筛选尺寸合适的薄片。不过，这样的薄片很容易被空气中的水分（H_2O）和氧气（O_2）破坏，在使用的时候往往辅以保护性的溶剂或者有机物薄膜，从而提高它的稳定性。

总之，黑磷是一种十分有潜力的二维材料，现在正在慢慢地走向实用化，让我们期待它在将来会有什么亮眼的表现吧。

◀ 一块用于催化制作黑磷的四碘化锡内核。

◀ 一大块碗状黑磷，是很多片状结晶的集合体。这样的黑磷样品在过去可是无法想象的奢侈品。显微摄影画面的实际宽度为 10 毫米。

As
74.921595
Arsenic

砷

砷，这个名字我们已经听说过很多次了，尤其是关于它的毒性的种种说法。不过把砷当作一种毒药已经是过时的认识了，现在人们已经会用很多手段检测被害者体内的砷并及时除去它。问题是尽管如此，还有一些人会乐此不疲地摄入、使用砷，这是为什么呢？

砷有两种出名的硫化物，就是雄黄（四硫化四砷，As_4S_4）和雌黄（三硫化二砷，As_2S_3），它们是自然界中存在的砷矿石。关于雄黄酒，通过长辈的口述，我们知道它有驱虫和治疗湿疹的用途。然而把雄黄作为药物使用真的是一个好主意吗？作为一种天然产出的含砷化合物，雄黄中很可能混有一些砷的氧化物。没错，那就是砒霜（As_2O_3）。文献中的确记载过服用含有砒霜的雄黄类药物而中毒死亡的例子，这可不好。

砷和颜料之间的关系不小，不管是声名远扬的巴黎绿[乙酰亚砷酸铜，

$Cu(C_2H_3O_2)_2 \cdot 3Cu(AsO_2)_2$]还是相对低调一些的雌黄都含砷。雌黄的颜色和古时纸张的颜色非常相似，因此它可以作为一种涂改用的材料。后人就用"信口雌黄"比喻不顾事实，随口乱说。不过，雌黄作为颜料也有毒性，而且十分可笑的是它最终被另一种有毒的颜料镉黄（CdS，详见第191页）所取代。巴黎绿在历史上曾作为一种染料，能使衣物在光线的照射下展现出独特的色泽，因而受到了贵族的追捧，他们全然不顾穿着这种衣物对身体带来的危害。

从古到今，砷都是一种让人感到很奇妙、飘逸的元素，在历史上无数次被人误解，并凭借着华丽的一面被错误地用在错误的场合之中。我想，砷正如披头士的歌曲 I Me Mine 所说："没有人能抵抗它的诱惑，每个人都在谈论着它，它流淌起来比酒还要流畅。"[1]砷就是这么一种神秘的元素。相比之下，锑（51）就带着一点荒唐的意味。

元素序号符号：	熔点：
(33) As	817 ℃
相对原子质量：	沸点：
74.921595	616 ℃
密度：	原子半径：
5.727 g/cm³	114 pm

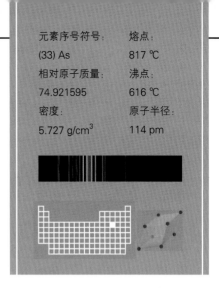

▼ 用于制造半导体的7N高纯度灰砷（99.99999%），被保存在充满稀有气体的玻璃瓶中。

▲ 没有玻璃管的保护，暴露在空气中的砷很快就会被氧化而失去光泽。

◀ ▶ 通过蒸馏提纯制备的高纯度灰砷结晶，被保存在玻璃管中，以防止接触空气而被氧化。由于玻璃管对光线的折射，照片中结晶的轮廓有些不清晰。显微摄影画面的实际宽度约为8毫米。

▶ 保存在玻璃管中的黑砷，一种有着玻璃光泽的砷。当砷蒸气在较低的温度下沉积的时候就会形成这种少见的同素异形体。

▼ 一块雄黄和雌黄晶体共生的矿石，来自中国湖南。

[1] 歌词原文为 "No-one's frightened of playing it, everyone's saying it, flowing more freely than wine"。

Sb
121.760
Antimony

锑

锑是一种类金属，既具有金属的性质，也具有非金属的性质。它有许多同素异形体，其中灰锑是锑最常见的形态，它看上去就是银白色晶簇，表面闪烁着金属光泽，和大多数金属没有区别（除了非常脆）。锑其余的同素异形体极为少见。灰锑的粉末十分易燃，在燃烧的时候会产生金黄色火花，同时迸裂成燃着的碎屑，像放烟花一样美丽。但是那样做不太好，其原因之一是锑有毒。

在生物体内，细胞对于砷（33）和锑的处理方式比较相似。和砷一样，锑在被摄入体内之后会破坏细胞的氧化还原能力，导致生命活动受到影响，进而危害人体健康，而且锑的毒性还不小。更糟糕的是很少人知道和关注这个问题。

相对于砷中毒，锑中毒的案例似乎非常少见，而且历史上关于锑的记载也很少提及它的毒性，从来没有记载锑中毒导致死亡的事件。人们推测，莫扎特[1]英年早逝的原因或许是他在发高烧期间过多服用了含有锑的药物。当然，没有确切的证据表明莫扎特的死因是什么，但是锑的毒性是一个不容忽视的问题，尤其是锑的一些性质使摄入锑的可能性增大了许多。如前文所说，锑非常脆，皮肤剐蹭到锑的时候往往会蹭下来一些碎屑。这些碎屑附着在皮肤上，让皮肤看上去亮晶晶的。同时，锑也会扩散到空气里。因此，徒手触摸锑是一件非常愚蠢的事情，我拒绝和徒手触摸锑的人交谈。

其实没必要那么紧张，我只是想通过开玩笑的方式引起人们对锑的毒性的关注。不过，对于锑这种元素，一直以来，人们所关注的重点始终不是它的毒性。到了铋（83），我们就不用这么拘束了，即便它在元素周期表中所处的位置很难让人相信它连一点毒性也没有。

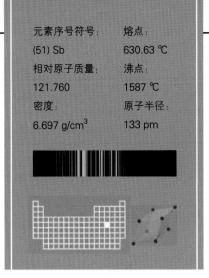

元素序号符号：
(51) Sb
相对原子质量：
121.760
密度：
6.697 g/cm³
熔点：
630.63 ℃
沸点：
1587 ℃
原子半径：
133 pm

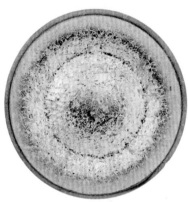

▲ 一个纯锑溅射靶，细微的结晶颗粒的轮廓十分清晰，同时有着明亮的光泽。

◀◀ 一块巨大的通过蒸馏提纯形成的锑晶体，表面的结晶颗粒闪耀着光泽。显微摄影画面的实际宽度约为 10 毫米。

▲ 一块常见的锑铸锭被敲碎后得到的碎块，来自科普作家杨帆的元素收藏。这是一种很常见的样本，但我们想找到一块从各个角度看上去都很漂亮的碎块也不容易。

▶ 一根通过提拉法制得的单晶锑，其表面非常光滑。

▼ 苏联在上个世纪生产的锑块，长时间暴露在空气中的表面已经氧化发黄。

[1] 沃尔夫冈·莫扎特（1756 — 1791），欧洲最伟大的古典主义作曲家之一。

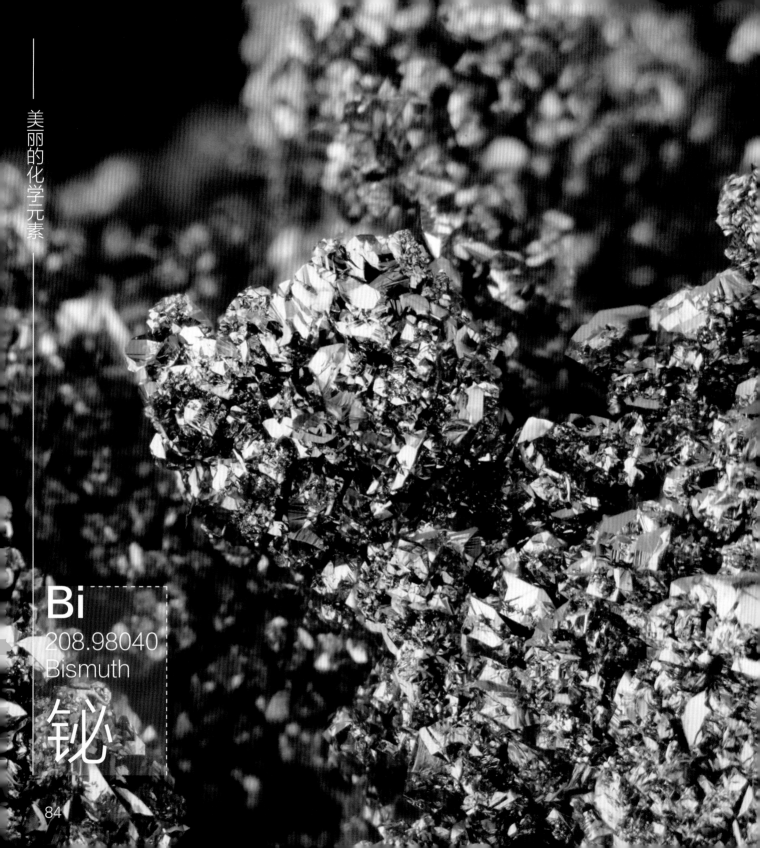

Bi
208.98040
Bismuth

铋

在元素周期表中，每一种元素都有自己独一无二的性质，每一种元素的存在都是一个奇迹。到了铋这里，它存在的意义就更加独特了。铋是一个分水岭，铋和原子序数比它大的元素的单质和化合物都具有放射性，我们在日常生活中难以接触。

讲到放射性元素，我们会用一个词来描述它们存在的时间，那就是半衰期，即样品中半数原子衰变所需要的时间。没错，半衰期是针对一种放射性元素的原子来讲的，而且是一个宏观的统计学数据。一种元素的放射性和它的半衰期成反比，也就是说如果一种放射性元素最稳定的核素的放射性太微弱（甚至科学家都很难测定出来），那么我们就姑且认为它是一种稳定的元素。铋就是这样的。

铋的半衰期长达 1.9×10^{19} 年，达到了宇宙年龄的10亿倍。如此长的半衰期使人们在很长一段时间内都没有意识到铋的放射性。一些法国科学家搜集了大量的铋，然后凭借着极大的耐心见证了几个铋原子的衰变，证明了铋不是天然存在的质量数最大的稳定元素。此后，人们才意识到铋原来是一种放射性元素。但是，元素周期表没有什么变动，铋仍然没有被人们当作放射性元素并将它的元素符号用红色字体标出。同样，铟（49）和碲（52）也面临这样的处境。或许人们更习惯把那些半衰期比较短或者说它们的衰变能够产生价值的元素叫作放射性元素吧。

同样令人惊奇的是铋的单质完全没有毒性，甚至可以被用在一些药物里——这对于这个区域来讲实属难得。下一种元素单质的毒性也很小，但有着刺鼻的气味。对了，这就是硫（16）。

元素序号符号：	熔点：
(83) Bi	271.40 ℃
相对原子质量：	沸点：
208.98040	1564 ℃
密度：	原子半径：
9.78 g/cm³	143 pm

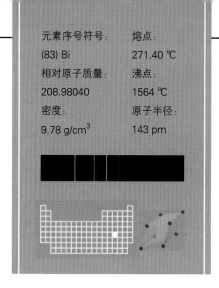

▶ 在试管中熔化并冷却铋，可以得到结晶条。

▲ 佩托比斯摩（Pepto Bismol）是一种含有铋的粉红色胃药，它的有效成分是碱式水杨酸铋（$C_7H_5BiO_4$）。这是一种在超市货架上十分常见的药品。

▲ 浇铸的铋板被打碎之后暴露出来的内部结晶。金属铋最常用来交易的形态就是这样的板状铸锭，一块完整的铋板可重达上百千克。

◀▲ 通过电解沉积形成的树枝状铋结核，颗粒状结晶清晰可见。显微摄影画面的实际宽度约为8毫米。

▶ 高温下冷却的铋饼，其表面的结晶纹线呈现更大的块状。

▶ 一块经过蚀刻暴露出内部结晶结构的铋块。熔化的铋在不同温度下冷却的时间不同，形成的结晶颗粒的大小也不同。这是一个在中等温度下凝固形成的铋饼，放射状纹路非常漂亮。

你可能会感到有些奇怪，前面展示的铋元素样本并没有大家最熟悉的一种——通过熔化后冷却得到的铋晶体。我把它放在了这一页中。除了展示它以外，我还想讲一讲和它有关的一些知识。

熔化后的纯净金属铋在冷却的时候会形成"回"字形结晶，这种结晶形态有一个专业名称——骸晶。顾名思义，骸晶就是像骨架一样的结构。这是由于物质结晶的速度过快，晶体沿着角顶或者晶棱方向的生长过于迅速，没有机会填充内部的结构。除了"回"字形结晶，我们以前展示的其他金属形成的树枝状结晶、羽毛状结晶都属于骸晶。

不得不说骸晶结构让铋晶体拥有了引人注目的外形，但只有这一点并不够。铋晶体表面多彩的颜色并非源于金属本身，而是刚刚形成的、带有余热的晶体暴露在空气中被氧化的结果。逐渐退热的铋会和氧（8）发生反应，生成厚度不一样的透明氧化物。温度不同，这层氧化物的厚度也不一样，它们使射向金属表面的光线发生干涉，从而展现出多彩的颜色。铋晶体表面的颜色并不是氧化物的颜色，而是由氧化物细微的厚度差异导致的。

如果把铋晶体浸入盐酸中，清洗掉表面的氧化物，那么它就会重新变成淡粉色。不过，我相信没有几个人会这么做，因为彩色铋晶体绝对是一套元素收藏品中最引人注目的样品，而这完全得益于铋天生的性质。只要它是纯净的铋，它是在空气中制作出来的，它就会是这样。你找不到什么理由去怀疑铋天生是用来制作晶体的，它在其他领域的表现也很棒。

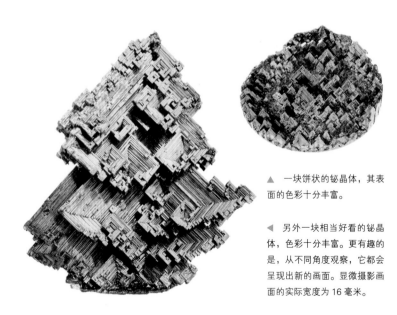

▲ 一块饼状的铋晶体，其表面的色彩十分丰富。

◀ 另外一块相当好看的铋晶体，色彩十分丰富。更有趣的是，从不同角度观察，它都会呈现出新的画面。显微摄影画面的实际宽度为 16 毫米。

S
32.065
Sulfur
硫

说到硫，人们普遍的第一印象都是散发着特殊臭味的硫黄粉，那是无定型硫。硫也有一些同素异形体，比如常温下稳定的斜方硫和高温下析出的单斜硫，只不过它们之间的差异并不是那么明显。无定型硫粉的知名度过高，人们在提及硫的时候往往不会特意去区分。

纯净的硫呈淡黄色，加热熔化后会变成琥珀色液体，黏度随着温度的升高先增大后减小。这是硫原子之间形成的化学键随温度变化所导致的。当你把黏度保持在最高状态的硫倒入冷水中时，它的结构会被固定下来，从而形成弹性硫。弹性硫和橡皮泥一样具有可塑性，而且随着时间的推移也会慢慢变硬。这是硫原子之间的化学键断裂所导致的。

作为一种在自然界中可以单质形态存在的元素，硫经常以外观规则、通透而美丽的黄色晶体给人留下深刻的印象。实际上，硫主要以化合物的形式分布在地球上。含硫的矿石多种多样，不过古人最早利用的硫还是自然界中以单质形式存在的硫元素，此后才是从化合物中获得的硫。

古人是怎么利用硫的呢？答案是制造火药。古人曾把硫、木炭（C）、硝酸钾（KNO_3）按照一定比例混合到一起，其中硫和木炭作为还原剂，硝酸钾作为氧化剂。这就是最早的黑火药了。后来，火药传入欧洲，欧洲人用它制造武器，并用到战争中。硒（34）不会被用到战争中，但是你摄入的硒的量和你的健康息息相关。

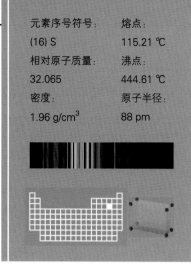

元素序号符号：	熔点：
(16) S	115.21 ℃
相对原子质量：	沸点：
32.065	444.61 ℃
密度：	原子半径：
1.96 g/cm³	88 pm

▶ 常见的升华硫试剂是一种淡黄色粉末。

▶ 生长在一块岩石上的自然硫晶体，来自玻利维亚。这是天然形成并结晶的硫单质。

▼ 熔化在玻璃管里面的高纯度硫。

▶ 这块硫晶体是人工使用二硫化碳（CS_2）溶解结晶得到的。

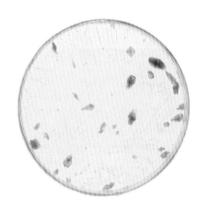

◀▲ 通过蒸发邻二甲苯（C_8H_{10}）溶液得到的硫晶体。由于硫在这种溶剂里的溶解度不高，所以可以通过蒸发进行缓慢结晶，从而形成透明度很高、外观十分完整的晶体。显微摄影画面的实际宽度约为 19 毫米。

▶ 有一定年代的硫试剂，被保存在一个带有标签的玻璃瓶里。

◀ 一块在模具里面冷却得到的硫饼，表面具有收缩时形成的针状结晶。

专题三　蒸发溶剂结晶

在上一页中展示了一块通过蒸发邻二甲苯得到的硫晶体。硫是一种非金属元素，它不溶于水，但是会溶解在许多常见的有机溶剂中，因此我们可以通过用有机溶剂溶解并蒸发来制作硫的晶体。

一种物质溶解之后，它原来的结构会被破坏，变成分散在溶剂里的基本单位。在饱和溶液蒸发的过程中，溶剂会减少，能溶解的溶质也会减少，从而导致这些溶质以排列规整的结晶的形态析出。在这个过程中，如果结晶速度过快，所形成的晶体就不会十分通透，所以要通过挑选合适的溶剂控制结晶的速度，从而得到外观完美的晶体。

邻二甲苯是一种沸点较低、毒性很低的有机溶剂，常温下硫在其中的溶解度大约为每100毫升2.4克。夏日的室温可以让邻二甲苯挥发，从而使硫晶体以合适的速度析出。整个实验持续了大约65小时，整个过程通过延时摄影的方式以5分钟一张照片的速度记录下来。

最后，我得到了尺寸大约为5毫米的硫晶体。如果这个反应持续的时间更长，它就能够长得更大。硫有两种常见的晶态同素异形体。在常温下通过蒸发溶剂制作的是斜方硫晶体，如果是在高温下配制过饱和溶液，然后再降温，则会析出呈针状且通透度较低（由于析出速度过快）的单斜硫晶体。

实验步骤

1. 称取1.5克硫，量取60毫升邻二甲苯，将二者混合并搅拌均匀，配制成饱和溶液。

2. 由于硫中可能混有一些在生产过程中掺入的杂质，所以需要用漏斗和滤纸将溶液过滤多次，避免杂质影响结晶。

3. 将溶液冷却后倒入一个干净的培养皿中。

4. 将培养皿放置在一个温度适宜且通风的地方。

注意事项

晶体的生长过程非常容易受到扰动，气流、震动以及灰尘的掉落都会对最终的效果产生影响。

邻二甲苯本身为低毒性有机物，但是在操作过程中仍要严格保证通风，避免吸入其蒸气。

实验试剂
1. 1.5克硫。
2. 60毫升邻二甲苯。

实验器材
1. 培养皿。
2. 烧杯。
3. 玻璃棒。
4. 漏斗和滤纸。
5. 量筒。
6. 加热装置。

▶ 右侧照片展示了依次间隔8小时的晶体生长情况，显微摄影画面的实际宽度约为19毫米。左侧为实验步骤。

▶ 实验用到的试剂和仪器。

▼ 扫描二维码浏览更多在线资源。

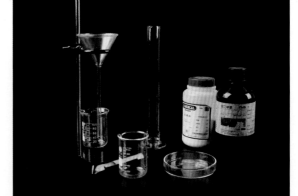

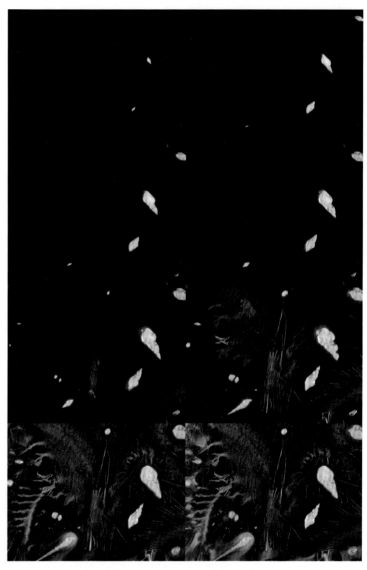

Se
78.971
Selenium

硒

92

硒是一种很有意思的元素，具有很奇特的生物作用——摄入过多或过少的硒都会影响人体健康。

作为一种非金属，从普通的灰硒到亮黑色的玻璃态硒，再到红硒，硒的单质有很多种同素异形体。其中，最普通的灰硒是最稳定的晶型，加热硒的其他同素异形体都可以获得灰硒。当灰硒熔化以后，通过快速冷却可以得到玻璃态硒，它和弹性硫很像。玻璃态硒的分子结构十分复杂，它的聚合环由许多硒原子构成，而且很容易破碎。无定型的红硒可以通过用二氧化硫（SO_2）或者其他还原剂还原亚硒酸（H_2SeO_3）获得，结晶态的红硒可以通过蒸发玻璃态硒的二硫化碳（CS_2）溶液获得。总的来说，和硫一样，硒的每一种同素异形体基本上都可以由试剂店出售的硒粒制得。

硒的单质（这里指的是灰硒）的导电能力和它所受到的光照强度有关系。受到光照的作用时，原子之间的电子会被激发，更容易运动，从而使硒的导电能力成百倍地增加。硒还因光敏性而被大量用于制造静电复印时所用的硒鼓和光电池。灰硒会在空气中缓慢地发生氧化形成二氧化硒（SeO_2），在燃烧的时候会产生蓝色火焰。

作为位于硫正下方的元素，硒完全有理由和硫很像，事实上也的确如此。不过，它们终究有些不同。正如前文所说，硒对人体健康有影响。如果一个人摄入的硒长期不足，则他会得克山病，即地方性心肌病。这是发病地区普遍缺硒所导致的，一般通过服用含硒的药物进行治疗。一次摄入大量的硒会导致急性硒中毒。值得一提的是，摄入适量的硒能减轻一些重金属导致的中毒症状。是不是有点神奇？

硒的种种性质将它和我们的日常生活紧密联系在一起。一提到硒，我们就会想起许多营养品，而一提到碲（52），我们似乎没什么印象。

元素序号符号：　　　熔点：
(34) Se　　　　　　220.8 ℃
相对原子质量：　　　沸点：
78.971　　　　　　685 ℃
密度：　　　　　　　原子半径：
4.819 g/cm³　　　　103 pm

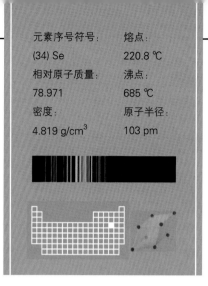

▶ 掺有硒的橙红色硼砂玻璃珠，主要成分为 $Na_2[B_4O_5(OH)_4]$。

▲ 打印机中的硒鼓，硒的光敏效应在打印过程中发挥了重要作用。

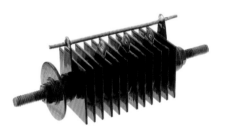

▲ 这个看上去像暖气片的电子器件实际上是一个硒整流器，可以把交流电转换成直流电。

▲ 一块葡萄状的硒粒熔块，外观很有趣。

◀ 具有美丽光泽的玻璃态硒，是十分常见的硒原料。

▶ 一瓶用作试剂的高纯度硒颗粒。

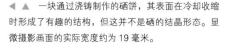

◀▲ 一块通过浇铸制作的硒饼，其表面在冷却收缩时形成了有趣的结构，但这并不是硒的结晶形态。显微摄影画面的实际宽度约为 19 毫米。

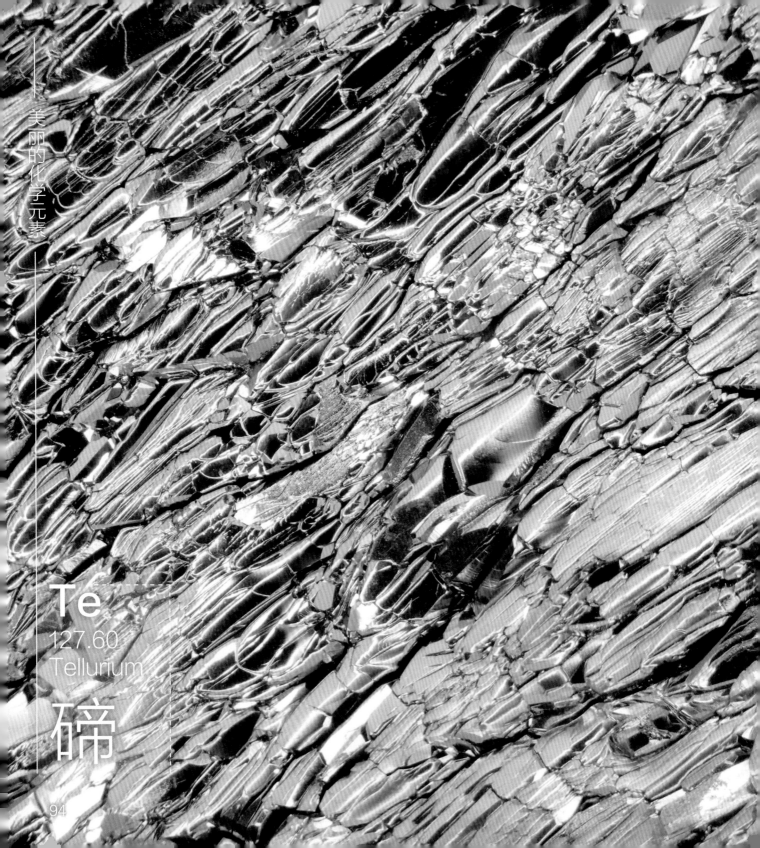

Te
127.60
Tellurium

碲

碲这种元素在地壳中的存在是一件非常有趣的事情。设想一下，有一种元素，它在地壳中的含量不到金（79）的三分之一，但它的零售价格不到金的百分之一。如此大的反差的的确确发生在碲的身上。碲的储量非常少，它的用途更少。

哦，"它的用途更少"这句话只是就现今状况而言的。如果我们有幸能够回到过去，那么情况或许会稍稍有所改变。大多数元素在被发现、制得纯净的单质和化合物之后，人们都发现了这些元素的一些独特的用途。在许多领域中，一种元素所发挥的作用可能改变整个工业。这种情况也曾经发生在碲的身上。

几年前，走进音像店，我们的耳中总会充斥着一个词：蓝光光盘。的确，作为当时的一项新兴技术，蓝光光盘的出现很大幅度地改善了数据存储的质量。它所用来进行读写操作的激光和传统的红光不同，是波长更短的蓝光，以获得更大的存储空间。而可擦写光盘的聚碳酸酯薄层中有一层含碲的光相变材料，可以在激光照射下发生晶态和非晶态的相互转变，从而达到记录和擦除数据的目的。随着科技的发展，如今出现的闪存以及许多其他技术都比蓝光光盘好，甚至有专家坚信蓝光光盘今后出现的机会也只能越来越少。这里不是说有更好的材料取代了碲，使光盘记录数据的能力进一步提高，而是用光盘记录数据这种方法已经被时代所抛弃了。没错，这就是科技的交叠更替，新兴技术的出现往往导致以往的技术过时。不过说真的，碲让光盘存储技术画上了一个

完美的句号，这倒也不是一件坏事。

当然，没有碲的日子的确显得有些无聊，不过碲还有一个独特的性质经常为人们所挂齿，那就是在接触碲之后，接触者的身上会在很长一段时间内散发出一股大蒜的臭味。请注意，这里并没有详细说明是通过何种方式接触的，而且没有明确指出这股气味所持续的时间是多久。碲和它上面的硫（16）、硒（34）一样，在以化合物的形态被摄入人体内之后会参与一些新陈代谢活动，最终以碲化氢（H_2Te，一种具有臭味的气体）的形式被排出体外。因此，不难理解上面那种说法了。不过，这种味道究竟要持续多久，我就不知道了。据说，散发这种气味的人自己是察觉不到异样的。

当然，碲没有我们想象的那么可怕，事实证明那些把碲束之高阁、唯恐避之而不及的做法过于夸张。和碲相比，溴（35）的身世也差不多。

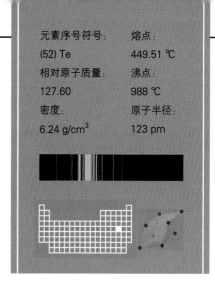

元素序号符号：	熔点：
(52) Te	449.51 ℃
相对原子质量：	沸点：
127.60	988 ℃
密度：	原子半径：
6.24 g/cm³	123 pm

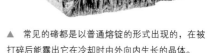

▶ 通过区域熔炼提纯的碲熔锭碎块。

▶ 另外一种碲结晶条的碎块，表面略有被氧化。

▲ 常见的碲都是以普通熔锭的形式出现的，在被打碎后能露出它在冷却时由外向内生长的晶体。

▼ 蓝光光盘，过去十分常见，现在已经很少见了。

◀ ▶ 用于半导体工业的蒸馏碲，具有很高的纯度。显微摄影画面的实际宽度约为 19 毫米。

这里再把一个概念拿出来说一遍：物质越纯净，熔化后冷却的速度越慢（或者说让它沉积的速度越慢），最后得到的晶体就会越大，在任何情况下都是这样。很幸运，碲算得上一种半导体工业原料，这就意味着人们为了使用碲，会通过一些方式生产出来纯净的碲原料。

当有了高纯度的原料之后，通过它来制作晶体就方便了许多。碲有一个特点，就是处理它的环境一定要保持很高的真空度。放置在模具里面的碲需要在真空炉里进行冷却。在很大程度上，真空炉和模具的大小决定了能够制作多大的碲结晶饼。除此之外，还需要想办法让附着在已经凝固的晶体表面的液态碲脱离，这样才能暴露出最大面积的结晶结构。不过，好在碲也具有热胀冷缩的性质，如果降温过程控制得当，它就会自然收缩，从而展现出美丽的晶体。

如果观察得足够仔细，就会不难发现这个结晶饼的表面由许多树枝状结晶"拼接"而成。树枝状结晶是我们在介绍铋（83）时提到的一种骸晶结构，也是物质熔化冷却后最常见的结晶形态。这在矿物学中十分常见，比如有时岩石表面的枝晶矿物会被生物学家误认为是植物化石。在我们的生活中，树枝状结晶也随处可见，例如雪花、冬天窗户上的霜花和松花蛋等。

▲ 通过熔炼得到的碲结晶饼，具有不同的外观。

▲ 在冷却过程中适当控制条件，可以让碲形成外观截然不同的结晶。

◀ 一块通过熔化后缓慢冷却结晶得到的碲饼，是它的制作者制作出来的最大、最漂亮的一个样品。显微摄影画面的实际宽度为 19 毫米。

为什么碲会用在半导体工业中呢？这时我们需要看一看元素周期表，碲处于金属和非金属的过渡带，是一种类金属。类金属的一些性质和金属很像，比如具有银灰色的金属光泽；而另外一些性质和非金属很像，比如质地很脆。碲及其化合物的导电性介于导体和绝缘体之间，因此它们是制造半导体的原料。

碲的沸点不高，可以通过蒸馏的方法提纯，或者制作观赏性很好的结晶。在专门设计的蒸馏装置里蒸馏完毕后，在稀有气体的保护下，用热熔胶将结晶粘在石英底座上，就得到了这种样品。由于碲比较脆弱，形成的结晶簇根基处的结合十分松散，很容易脱落下来，或者掉落碎渣。这样的性质使得它很难运输，而在制作其他类似的元素结晶样品时没有出现过这样的问题。怎么办呢？

结晶簇的底部有一个凹坑（用来让碲沉积、附着的冷却源位于这里，把它分离后会留下一个小凹坑），我们直接往凹坑里灌注胶水时，胶水可能会从缝隙中溢出，从而污染结晶簇的表面。可将胶水涂抹在一根尺寸和凹坑相仿的试管底部，然后进行加固，这样就能在运输途中保证安全。后来，实践证明这种方法的效果的确不错。当然，也可以不进行加固，碲较为稳定的性质使得它直接暴露在空气中也可以保持光泽，但是很容易掉落碎渣——一圈一圈地掉落。

除了性质和金属不同，碲通过蒸馏形成的结晶的外观也和采用相似办法制作的金属结晶不同。通过和前面介绍的碱土金属的结晶对比，就可以发现这一点。碲表面有明亮的金属光泽，这十分有趣。

▲ 一个通过蒸馏制作的碲结晶簇，没有保存在石英罩中，我们可以看到其底部的凹坑。

◀ 另一个通过蒸馏制作的碲结晶簇，保存在石英罩里，像一个银白色松塔。显微摄影画面的实际宽度为 13 毫米。

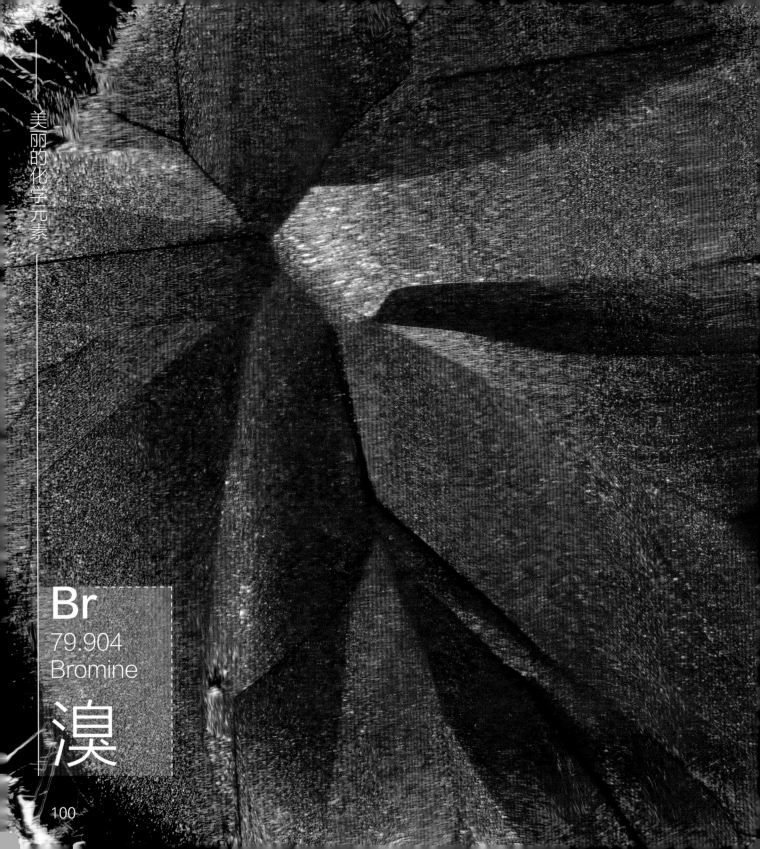

Br
79.904
Bromine

溴

我和许多人谈到溴的时候，他们的表情似乎都不是那么愉快。接触过溴水（溴的水溶液）的人都知道，溴蒸气的那股独特的恶臭味真的让人非常恶心，更何况液溴呢？每一个持有液溴的人最期盼的或许就是在它们被用掉之前不要发生泄漏，尤其是不要漏到手上，因为溴会给皮肤造成无法愈合的烧伤。

好了，不说那些吓人的话了，其实溴还是一种蛮可爱的元素。你看，它是一种液体。在标准状态下，只有两种元素是液体，一种是汞（80），另一种就是溴。把溴放在冰箱里就能够让它凝固。如果把握好时机，就能制作出溴的深红色晶体，它的形状一定会让你过目不忘。溴作为一种卤族元素，理所应当地带有它的独特颜色——红棕色。在温度稍高的时候（实际上室温就可以），液态溴会挥发出深红色溴蒸气，强烈地腐蚀着它能接触的一切物体。因此，除了使用密闭的玻璃管，没有什么其他长久储存溴的方法了。

到目前为止，因为溴的活泼性质，没有人发现天然存在的溴单质。溴和氯（17）相似，也是一种广泛地分布在海水中的元素。很多矿石含有溴，工业上生产的溴就是以这些矿石为原材料的。溴的化合物多种多样，而且每一种对人们来说都有或大或小的意义。溴化银（AgBr）感光胶片的出现使人类能够记录影像，曾一度改变了世界（后来它又被数码相机替代了）。四溴双酚－A是一种阻燃材料，人们把它添加到各种不希望烧起来的东西中（尽管在某些场合没有那么有效，或许它们本身就不含四溴双酚－A）。不得不说，虽然从某些角度来讲，溴有些令人讨厌，但它还是一种有些用途的元素。说到这里，后面的碘（53）就会笑了。相对而言，碘不仅具有广泛的用途，而且更受欢迎。

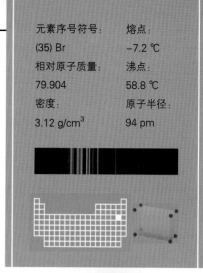

元素序号符号：	熔点：
(35) Br	−7.2 ℃
相对原子质量：	沸点：
79.904	58.8 ℃
密度：	原子半径：
3.12 g/cm³	94 pm

▲ 一盒老式相机胶卷，其中用溴化银作为感光剂。溴化银受到光照的时候会分解成银（47）和溴，从而产生深浅不一的颜色。

▲ 保存在密闭玻璃管里的液溴，只有这样才能有效阻止它不断挥发出蒸气。

▼ 溴氰菊酯（C₂₂H₁₉Br₂NO₃），是一种常见的杀虫剂。

◀ ▲ 溴在稍低的温度下就会冷却形成晶体，但是随着温度恢复到室温，它会重新熔化变成液体。显微摄影画面的实际宽度约为 19 毫米。

▲ 红药水，是含溴和汞（80）的有机盐，其 2% 的溶液可以用于消毒，但是由于含有汞且实际消毒效果并不理想，现在已经几乎绝迹了。

101

I

126.90447
Iodine

碘

碘最常见也是最普遍（二者之间有着微妙的区别，常见并不代表容易被广泛接受）的用途是消毒。最初人们发现碘能够杀菌之后，就采用直接让碘蒸气在伤口上凝固的方法，既能够杀菌又能够封闭伤口（想想也能知道这个过程有多么痛苦）。后来出现了碘酒，即碘的酒精溶液。在用碘酒消毒的时候，伤口会产生刺痛感，但这来自酒精。最后出现的碘伏采用温和的有机溶剂溶解碘，虽然会使被消毒的皮肤有点发黄，但几乎不会产生刺痛感。然而在真正使用它的时候，我已经过了对伤口消毒所产生的刺痛感到恐惧的年龄了。

碘的用途不仅仅局限于此，它也是生物体内必需的一种元素。没有了它，你的甲状腺就不能够正常工作，从而会设法获取更多的碘，于是会长得更大。我们对于碘的了解大多局限于课本上的描述。碘和其他几种卤素一样，它的单质的味道也不太让人开心。打开一瓶碘，把鼻子凑过去，那种奇怪的味道会使你不得不转过头去。

你能闻到碘的味道，是因为固态碘挥发出了蒸气，从而进入了你的鼻腔，使你发觉正在吸入一种让你感到恶心的气体。课本上说，碘会直接升华，即在加热的时候，它不经过液态，直接变成紫黑色碘蒸气。然而，这是错误的。任何能够鼓起勇气来挑战一下碘蒸气味道的人都会发现，在受热的过程中，碘仍然会熔化变成黑色液体。这个过程也伴随着挥发出大量碘蒸气。不可否认的事实是，可以通过直接加热得到液态碘。课本上有一天能够把这种性质说清楚就

好了，这样就会使更少的学生纠结于此。但如何解释清楚又是另外一个问题了。如果有的学生在想通过实验验证这种现象的时候因为吸入了过量的碘蒸气而导致呼吸道被灼烧，那就不太好了。

碘是一种可爱的卤素，它的表面具有紫黑色金属光泽，在光线的照射下能够展现出独特的质感。不像前面那两种卤素（具有刺鼻的味道和极强的腐蚀能力），碘由于原子半径变大，它的反应活性随之减弱，但仍然会腐蚀橡胶、塑料。除了玻璃以外，还真找不到什么好的透明容器来保存它了。不过能够安稳地保存碘单质，对于卤素来说已经是莫大的进步了。总而言之，碘在中学时代的出现让我们有了一种非常有趣的体验。无论是紫色的外表还是美丽的蒸气，碘都展现出了我们印象之外的非金属的样貌。让我们稍微休息一下，下一章介绍的元素外表不会千差万别了。

◀ ▶ 巨大的玻璃瓶里面封存了一些碘，可以通过加热来观察碘的升华与凝华。显微摄影画面的实际宽度约为 13 毫米。

▲ 由于温差作用，碘会在真空硬质玻璃管中缓慢沉积，形成大颗粒结晶。

▶ 通过蒸发乙醇溶液制作的碘晶体，保存在一个称量瓶里。

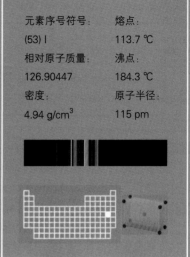

元素序号符号：	熔点：
(53) I	113.7 ℃
相对原子质量：	沸点：
126.90447	184.3 ℃
密度：	原子半径：
4.94 g/cm³	115 pm

▲ 碘酊和碘伏都是常见的医用消毒剂。

▼ 一份古老的用棕色玻璃瓶保存的试剂碘，瓶口用石蜡密封，以防止内部的碘挥发出来。

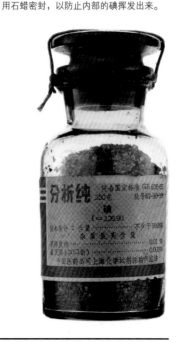

专题四　气态沉积结晶

碘的熔点和沸点并不高，它在常温下是紫黑色固体，稍微经过加热就会变成紫色碘蒸气。碘蒸气是以分子形式存在的碘，蒸发过程破坏了固体形态原来的结构，而在重新冷凝沉积的时候，它就能够在晶核的作用下重新形成结晶。这个过程和熔化之后冷却结晶的原理相同，不过蒸气冷凝能够形成单独的颗粒状结晶，而非冷却液体时得到的黏结在一起的结晶。

蒸气可以通过直接蒸发得到，这便是前面提到的物理气相沉积法。当然，还有化学气相沉积法，即通过化学反应得到与蒸气具有相同状态的物质。它们的最终目的是相同的，即通过让原子或分子沉积在物体的表面形成大小不同的颗粒，从薄薄的镀膜到具有清晰轮廓的单颗粒晶体，这取决于沉积的速度。

通过加热密封在玻璃容器中的碘，并在另外一端使其冷却，便实现了蒸发和冷凝。为了快速得到结晶，我使用的是一盏喷灯。通过快速蒸发沉积会得到鳞片状晶体，而让碘在真空环境中缓慢蒸发沉积，就能够得到棱角分明的大颗粒晶体。如果想要形成美丽的晶体，就让这个过程越慢越好，但考虑到密封在容器内的碘在常温下会升华，在保存的时候稍微不注意，这样的晶体就会被破坏。我更倾向于选择制作操作起来更为简单的鳞片状晶体。

实验步骤

1. 取用一些保存在密闭玻璃容器中的碘。（作为展示这种现象的教具，碘锤是一种现成的材料。）

2. 小心地加热容器的一端，冷却容器的另一端。

3. 保持这个过程，直至在容器被冷却的一端出现沉积的晶体。

4. 将容器取下，妥善保存。

注意事项

玻璃容器可以免受碘蒸气的腐蚀，但是玻璃在骤冷骤热时十分容易碎裂，而且碘在加热变成蒸气的时候也会使容器内部的压强增大。因此，在加热过程中一定要多加小心。

碘蒸气具有强烈的刺激性和腐蚀性，一定要避免它沾在实验者、旁人以及其他物品上。如发生意外导致碘泄漏，请立即用酒精擦拭被沾染的物品并开窗通风。若有人接触碘蒸气，请及时就医。

▶ 实验所用的试剂和仪器。

▼ 扫描二维码浏览更多在线资源。

实验试剂
密封在玻璃容器中的碘。

实验器材
1. 热源（例如热水）。
2. 冷却源（例如冰水、冰袋）。

▶ 碘在常温下会不断升华和凝华。当有温差存在时，碘会缓慢地从容器中温度较高的一侧转移到温度较低的一侧。从右图中就能够观察到长时间保存的密闭试剂瓶中沉积在玻璃瓶壁上的碘，它们是以细微的结晶颗粒的形式存在的。

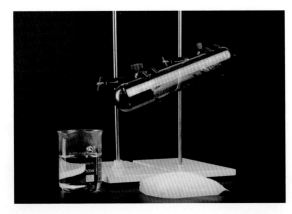

第4章 并不稀少的稀土元素

稀土元素是钪（21）、钇（39）和镧系元素的统称。从名字可以看出，稀土元素延续了"土"的性质。别看镧系元素从左到右的跨度很大，这15种元素的性质没有显著的区别。这是因为它们的电子在填充对它们的化学性质影响较小的电子层。正因为这个特点，通过化学性质分离镧系元素十分困难。以前的科学家在从矿石中发现它们的过程中栽了不少跟头，填充元素周期表的这个区域在当时是一个棘手的难题。

不同版本的元素周期表在处理镧系元素时有不同的做法，最常见的是把它和下方的锕系元素放到整个元素周期表的下方，从而压缩整张周期表的宽度，使得它看上去更加匀称。但是，你有没有注意过不同的周期表处理了哪几种元素？如果观察得足够仔细，你就会发现有时人们把从镧（57）到镥（71）这15种元素都拿下来了；有时则把镥留在了钇的下面，把从镧到镱（70）这14种元素放到下面。问题出在了镥的身上。镥的4f电子层（见本书后面关于量子力学的内容）已经被充满了。从原子的电子层结构来讲，它更有道理独占钇下方的那个格子。镥的许多性质已经接近其他过渡金属了，比如在空气中比较稳定，硬度比较高。严格地讲，第二种分类方法更加严谨一些，不过二者在使用的时候没有太大区别。

有趣的是，稀土元素其实并不稀少。过去人们没有找到富含稀土元素的矿石，没有掌握稀土元素的分离提纯技术，从而形成了错误认知。实际上，它们在地壳中的含量与我们耳熟能详的许多元素相当，例如铜（29）、铅（82）。随着用途的开发，稀土元素已经在制作工业催化剂、特种玻璃纤维、激光器、磁体等方面发挥重要的作用。这大概是我们如今可以合理的价格购买到这些元素样品的原因，尽管有时它们会以混合的形态被使用，没有必要将它们分离。

扫描二维码，观看本章中部分
元素样品的旋转视频。

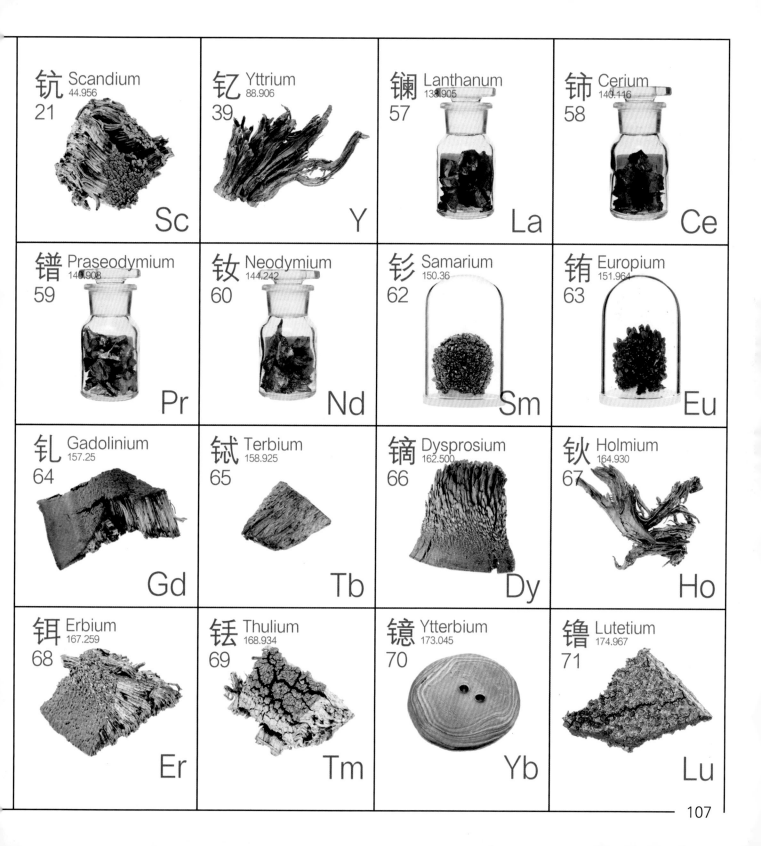

钪 Scandium 44.956 21 Sc	钇 Yttrium 88.906 39 Y	镧 Lanthanum 138.905 57 La	铈 Cerium 140.116 58 Ce
镨 Praseodymium 140.908 59 Pr	钕 Neodymium 144.242 60 Nd	钐 Samarium 150.36 62 Sm	铕 Europium 151.964 63 Eu
钆 Gadolinium 157.25 64 Gd	铽 Terbium 158.925 65 Tb	镝 Dysprosium 162.500 66 Dy	钬 Holmium 164.930 67 Ho
铒 Erbium 167.259 68 Er	铥 Thulium 168.934 69 Tm	镱 Ytterbium 173.045 70 Yb	镥 Lutetium 174.967 71 Lu

Sc
44.955908
Scandium

钪

钪是我们介绍的第一种稀土元素，把它归为"稀土"元素的确很贴切。钪在地壳中的含量虽然既不算多也不算少，但是很分散，以至于分离提纯十分困难。钪的化合物的性质（确切地说是所有稀土化合物）都和铝（13）等"土"性金属相似，比如说它的氧化物是难以分解的粉末，氢氧化物比较难溶于水。

初次见到钪的单质，尤其是蒸馏钪（绝大多数钪单质是以这种形式存在的）时，你会发现它们的外形和你以前见到的其他元素不一样。蒸馏钪在撕裂后会展现出独特的结晶，像树枝一样，非常好看。没有被氧化的钪的颜色呈银白色，略带淡黄色，十分明亮，而在空气（尤其是潮湿的空气）中久置后会出现一层灰黑色氧化物。如果这层氧化物不厚的话，那么整个金属的表面看上去就会发褐。

由于钪的分离提纯非常困难，而且单质的用途极少（绝大多数用作合金原料，只有少得可怜的单质被买来作为元素收藏品），所以你很可能没有见过钪的单质。但是，有一种东西你一定很熟悉，即钪钠灯。在灯管里充入碘化钪（ScI_3）和碘化钠（NaI），在高压放电的时候，钪和钠两种元素都会释放它们独有的光谱。钠发出的是波长较长、耀眼的黄光。钪则发出波长较短的光，接近紫外线，呈蓝紫色。二者发出的光正好互补，叠加在一起之后，就没有刺眼的黄光，也没有让人忧郁的紫光了，取而代之的是白光。钪钠灯很早以前就被其他国家广泛用在各种场所，在中国也作为一种新的高效光源慢慢被普及。钪是一种默默无闻的元素，钇（39）也是如此。你在见识钇发挥功能的时候，可能根本没有人向你提到它的名字。

元素序号符号：　　熔点：
(21) Sc　　　　　1541 ℃
相对原子质量：　　沸点：
44.955908　　　　2836 ℃
密度：　　　　　　原子半径：
2.985 g/cm³　　　184 pm

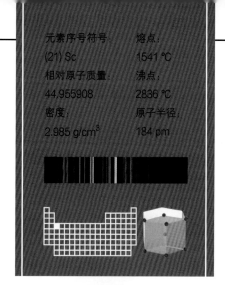

▲ 具有另外一种树枝状外观的蒸馏钪。

▼ 钪合金具有很高的强度，所以可以用来制造许多体育用品，比如高尔夫球杆（上面的一行小字"scandium driven"表明了它的材质）。

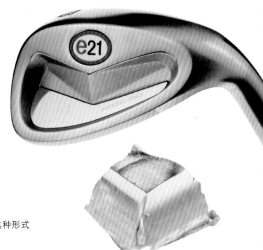

◀ ▲ 一块草坪状的蒸馏钪，钪经常用蒸馏的方法进行提纯。表面的结晶实际上是由许多细小的晶粒组成的。显微摄影画面的实际宽度约为 8 毫米。

▲ 钪钠灯是一种优质的白色光源。

▶ 一块钪铝合金原料。绝大多数钪都是以这种形式出现并被使用的。

Y
88.90584
Yttrium

钇

说起钇，我想许多人都会一头雾水，似乎从来没有听说过这种元素，更别提见到它的金属单质了。没错，钇的单质几乎没有用途，因此没有几个工厂会单独把钇的化合物还原成单质出售，所以钇的单质并不常见。不过钇的单质没有什么用途并不代表它的化合物也是这样。相反，钇的一些化合物十分重要。

提及超导体，许多人会想起那些在低温环境中工作的金属。有许多金属在低温环境中会体现出超导特性，但是它们所需要的临界温度大多很低，普通的冷却剂已经无法达到要求了。这意味着操作成本和难度都偏高，而想办法让它的工作温度得以提高并非易事。科学家尝试了许多合金、化合物的组合，也不过只是让超导体的工作温度维持在20~30开（K，热力学温标）。后来，钇钡铜氧（$YBa_2Cu_3O_7$）超导体出现后，人们把超导体的临界温度提高到了90开以上。这意味着用液氮就可以冷却它，使它发挥作用。

超导材料在临界温度下不仅具有电阻趋于零的特性，还有一个很有趣的性质——抗磁性。在达到临界温度的时候，超导体表面能够产生一个无损耗的抗磁超导电流（因为没有电阻，所以就没有损耗），这一电流产生的磁场恰巧抵消了超导体内部的磁场。当磁体和超导体之间的距离合适时，磁体受到的斥力正好和重力相等，它就会悬浮起来。

如果有一些电和磁相关的背景知识，你就可以理解下面这段话了。当你试图通过提高位于超导体上方的磁体的位置来破坏这种平衡时，超导体所产生的磁场会发生改变，阻碍磁通量的变化，实际表现为这块超导体会随着磁体一起上升，暴露在空气中。它的温度也会上升，然后电阻慢慢变大，产生的磁场越来越小，最后它会掉下去。

好了，我们说了太多的超导体，不过它们真的很有意思。接下来迎接我们的是镧系元素。从第一种元素镧（57）开始，后面的15种元素十分相近，通过外观很难区分。

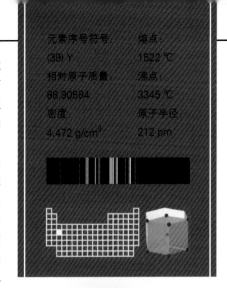

元素序号符号：	熔点：
(39) Y	1522 ℃
相对原子质量：	沸点：
88.90584	3345 ℃
密度：	原子半径：
4.472 g/cm³	212 pm

▲ 普通的商业用钇原料切块，是通过金属热还原法制得的，断面处的金属光泽十分明亮。

▶ 半球形的金属钇熔锭，一种常用的商业原料。

▼ 含有钇的萤石（CaF_2），晶体十分特别。

▶ 圆片状钇钡铜氧超导体。

▼ 表面有结晶纹路的钇熔珠。

◀ ▲ 一块蒸馏高纯钇，纤维状结晶十分独特。显微摄影画面的实际宽度约为 13 毫米。

▶ 钇铝榴石（$Y_3Al_5O_{12}$）是一种人造化合物，具有很高的硬度，曾一度是仿钻材料。

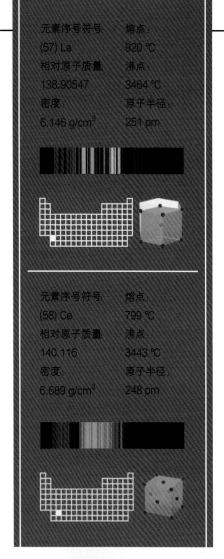

元素序号符号:	熔点:
(57) La	920 ℃
相对原子质量:	沸点:
138.90547	3464 ℃
密度:	原子半径:
6.146 g/cm³	251 pm

元素序号符号:	熔点:
(58) Ce	799 ℃
相对原子质量:	沸点:
140.116	3443 ℃
密度:	原子半径:
6.689 g/cm³	248 pm

我知道，对于绝大多数人来讲，他们连镧系元素的名字听说过都没有。尽管这些元素的确有着一些特殊用途，但相对于其他元素，它们的知名度还是太低了。不过，每种元素终归有它自己的特点。我会尽力把它们挑出来，然后清晰而不枯燥地表达出来。嗯，就这么定了。

镧和铈都是银灰色金属，块状金属暴露在空气中时表面很快就会变黑，长期放置之后会分别生成灰白色和棕黄色氧化物。氧化物会不断从金属表面剥落，最终整块金属会变成一坨看上去像淀粉一样的粉末。镧在稀土中的丰度排在第三位，铈则将近是它的两倍——这已经是不小的储量了。三种丰度最大的

稀土元素铈、镧、钕（60）的单质，确切地说，是以这三种元素为主要成分的合金非常容易制得，但它们的用途或许就显得微不足道了，那就是用来产生电影中的火花特技效果。稀土元素的反应活性比碱土金属稍差一些，但是它们的单质和合金有一个特点——打磨的时候能够产生美丽的火花。要想具有这个特点并非易事，要求打磨时的温度刚好能够达到金属的燃点，这时剥落的金属碎屑就会开始燃烧。许多镧系元素都具有这种性质。但是常见的金属材料（例如铝合金）并没有这样的性质。因此，这种振奋人心的效果只能出现在电影里了，在真实世界中几乎不会出现这样的火花，除非真的在打磨一块稀土合金。

镧和铈的作用并不仅仅局限于此。氧化镧（La₂O₃）具有良好的光学性能，可以用在许多透镜（比如照相机的镜头）中，以提高玻璃的折射率。而铈的氧化物（CeO₂）则是加工玻璃时的抛光粉，它们一个主内，一个主外，所以我在这里就把它们放在一起讲了。对于紧随其后的镨（59）和钕，我也会这么处理。

▼ 含有镧的钨焊条。

Tungsten Electrodes
2.0mm x 150mm
[approx.2/25" x 6"]
2.0%Lanthanated (WL20)
10 Pieces

◀ 由镧铈合金制成的金属打火棒，在被刮擦的时候产生的碎屑会燃烧，发出美丽的火光。

▲ 纯净的金属镧（左）和铈（右）的撕裂切块，被保存在密闭的试剂瓶里面。当暴露在空气中，这两种金属很快就会被氧化变成蓬松的粉末。

仔细观察一下元素周期表，你会发现镧系元素和下面的锕系元素都被单独提出来放在了最下面，而在上面的表中，它们分别共用了一个格子。由于它们的性质非常相似，因此它们往往被混为一谈。直到量子力学发展到一定程度，人们才能明确地从电子轨道等角度来完全区分所有的镧系元素。从过去被认为是"纯净"的化合物中分离出新元素的现象时常发生。人们从1803年发现的"铈"和1794年发现的"钇"中分别分离出了7种和9种新的稀土元素。门捷列夫[1]在制作最早的元素周期表时，也不知道在钡（56）的后面究竟有多少种元素。于是，一个元素符号"Di"出现在了周期表中。当时，一种叫作"Didymium"（意为双子）的物质被当成了一种元素，但是随后它就被分开了。人们在命名这两种新元素的时候部分保留了它们原来的名字，一种是化合物呈嫩绿色（Praseo-）的-dymium，即镨；而另一种则是新（Neos-）的-dymium，即钕。

镨和钕都是银灰色金属，长期暴露在空气中时会分别不断生成绿色和粉色氧化物。镨常见的+3价离子在水溶液中呈浅绿色，这也是它得名的原因。镨可以用在一些陶瓷的釉彩中，产生一种独特的绿色，或者和钕一同掺入玻璃中，强烈地吸收黄色光线，使得工人制作玻璃制品更加便捷。

钕为世人所熟知缘于钕铁硼磁体（$Nd_2Fe_{14}B$）。它的名声太响亮了，可惜人们有时不知道钕的读音——我在铷（37）那里已经说过了。制造钕铁硼永磁体是钕在工业上的主要用途，而且是让世人接触它的最主要的途径。既然它的名字叫作钕铁硼磁体，那么它就不是纯净的钕单质。没错，钕被加入到铁中，使铁的磁极和钕的磁极固定在同一个方向，进而能够产生更强的磁力。而原子半径更小的硼能够在铁和钕之间挤出来一点空间，使金属中的自由电子被关在其中。钕和硼的双重作用使钕铁硼磁体的磁性比传统使用的氧化铁磁石（就是那种黑乎乎的磁铁，其成分为Fe_3O_4）强10倍。钕铁硼的性能非常优良，在近年生产的各种需要强磁性的物品中都能看到它的身影。它的需求量也随之增加，这缘于它的确胜过了绝大多数磁体。后面有一种元素想要和它叫板，我们且来听听钐（62）想说什么。

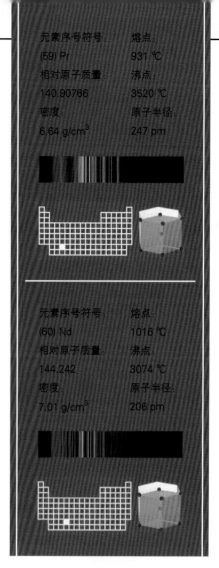

元素序号符号：
(59) Pr
相对原子质量：
140.90766
密度：
6.64 g/cm³

熔点：
931 ℃
沸点：
3520 ℃
原子半径：
247 pm

元素序号符号：
(60) Nd
相对原子质量：
144.242
密度：
7.01 g/cm³

熔点：
1016 ℃
沸点：
3074 ℃
原子半径：
206 pm

▲ 与镧（57）和铈（58）一样，镨（左）和钕（右）最精美的样品也只是保存在玻璃瓶中、带有光亮切面的金属块。这两种活泼的金属也十分容易被氧化。

◀ 通过蒸馏提纯得到的金属镨，十分罕见。

▶ 一种叫作"巴克球"的玩具，它是由若干个钕铁硼磁体组合而成的，可以用来演示许多和磁力有关的实验。

▲ 一根巨大的掺有镨的、呈苹果绿色的玻璃棒。由于油墨的缘故，它的色彩在印刷出来之后略有失真。

[1] 德米特里·门捷列夫（1834—1907），俄国科学家，根据元素周期律制作出了世界上第一张元素周期表。

La
138.90547
Lanthanum

镧

Sm
150.36
Samarium

钐

纯净的金属钐凭借独特的外表吸引了不少眼球。"树枝状结晶"用来形容钐真的再确切不过了。钐真的形如其名，致密的金属按照"彡"的形状一条条排列开，当表面被撕裂之后就能够展现出这种神奇的形状。具有这种有趣外表的金属还有几种，比如钪（21）。纯净的钐呈银白，略带淡黄色。当暴露在空气中的时候，钐会被氧化，生成的是灰色氧化钐。当这层氧化物很薄的时候，整块金属看上去呈金黄色。

纯净的钐固然好看，但遗憾的是金属钐的用途并不多。钐可以用来制作磁体。用钐和钴（27）制成的磁体也是一种强磁体，在钕铁硼磁体出现之前曾经被广泛地使用过。世界上第一种轻质耳机就用到了钐钴磁体（$SmCo_5$和Sm_2Co_{17}），但是由于钐作为它的原料之一，并没有像钕那样容易获得（虽说现在看来二者的差距不大），因此相关的永磁材料的发展就受到了阻碍，进而被新兴的钕铁硼取代。不过钐系磁体有

两个压倒性的优势，一个是在高温环境中仍然能够保持磁性。当泡在开水里的时候，钕铁硼磁体就报废了，而钐钴磁体在温度不太高的火焰上灼烧时也没有什么事。另一个优点是不同的磁性材料具有不同的电感品质因数，即Q值。对于吉他拾音器来讲，高灵敏度和Q值是至关重要的，较低的灵敏度容易在推弦的时候丢音，因此吉他拾音器中使用的磁极材料并非随便选择的。

因此，钐和钕的性质的差异在元素周期表中相隔一种元素的两种元素之间非常少见，也很有趣。+3价钐离子的水溶液呈黄色。在空气中灼烧钐很容易使之燃烧，产生红色火焰并生成氧化物（Sm_2O_3）。如果钐不是那么贵的话，它就会成为一种非常好玩的元素。只要能够获得足够量的钐，没准儿谁又能玩出什么新的花样。下一种元素铕（63）也很好玩，不管是单质还是化合物。

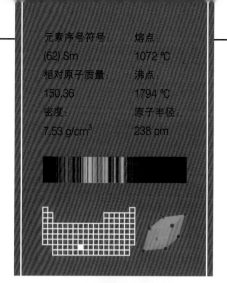

元素序号符号：	熔点：
(62) Sm	1072 ℃
相对原子质量：	沸点：
150.36	1794 ℃
密度：	原子半径：
7.53 g/cm³	238 pm

▲ 常见的钐大多以树枝状蒸馏块的形式出现。

▲ 保存在玻璃管里的蒸馏钐原料。

◀ ▲ 通过蒸馏制作的钐晶体，被保存在石英罩中以防止氧化。显微摄影画面的实际宽度约为 13 毫米。

▲ 排列整齐的纽扣状钐钴磁体，由于只是原材料，其表面并没有金属镀层的防护。

◀ 日本生产的一种用在电动玩具枪上的钐钴磁体电机，包装上的文字声称，和钕铁硼磁体相比，这种磁性材料具有更出色的耐高温能力。

Eu
151.964
Europium

铕

铕非常活泼，这体现在它暴露在空气中时，原本呈淡黄色的表面会立即变暗，时间一长，就会长出各种颜色的、看上去"毛茸茸"的氧化物并不断剥落（氧化物层不够致密是轻稀土元素的通性）。块状的铕在常温下就能够和水发生反应，其表现不比和它位于同一周期的碱土金属钡（56）差。因此，保存铕是一件非常困难的事情，即使将其泡在石蜡油里面，也很难阻止它不断被氧化。当铕被氧化成为+3价化合物之后，才真正向人们展示出了它神奇的一面。

我们平常所说的"磷光粉"就是一类可以吸收光能的材料，其内部原子中的电子吸收光能后发生跃迁，落在其他轨道上的时候再将光能以一种低能量的形式缓慢释放出来，从而发出冷光。在稀土磷光剂中，效果最为出众、最广为

大众所知的就是铕了。铕发光材料的用途很广，从彩色电视机到一些国家的纸币中都有它的身影。在旧式电视机显像管中，由阴极射线管产生的电子束照射到铕的时候会发出红光，而三基色中的另外两种颜色绿和蓝则由另外两种稀土元素铽（65）和铈（58）产生。稀土磷光粉共同作用产生的光线更加真实生动。在纸币中，荧光涂料用于防伪。印刷欧元的纸张用到了荧光纤维和荧光墨水，在紫外线的照射下会发出荧光，帮助人们鉴别纸币的真伪。

铕是最后一种被发现的轻稀土元素，也是最后一种轻稀土元素。相对于轻稀土元素，重稀土元素的离子半径更小，密度更大，同时更加不活泼，比如下一种元素钆（64）。

元素序号符号：	熔点：
(63) Eu	822 ℃
相对原子质量：	沸点：
151.964	1529 ℃
密度：	原子半径：
5.244 g/cm³	231pm

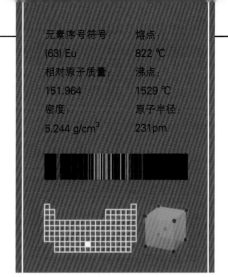

▼ 含有铕的稀土磷光粉，也就是我们常说的夜光材料。不同的添加物使得它们具有不同的色彩。

▲ 使用三氧化二铕（Eu₂O₃）作为磷光防伪材料的欧元。铕的名字来源于欧洲（Europe），而这个地区的货币又用到了这种元素，这是一种巧合吗？

▲ 工业上生产的蒸馏铕树枝状结晶。

▼ 一颗掺杂了 +3 价铕离子的透明玻璃珠，在紫外线的照射下会发出橘红色荧光。

▶ 荧光粉中含有铕的荧光灯。在工作时，荧光粉会受到紫外线的激发，从而发光。

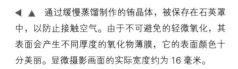

◀ ▲ 通过缓慢蒸馏制作的铕晶体，被保存在石英罩中，以防止接触空气。由于不可避免的轻微氧化，其表面会产生不同厚度的氧化物薄膜，它的表面颜色十分美丽。显微摄影画面的实际宽度约为 16 毫米。

Gd
157.25
Gadolinium

钆

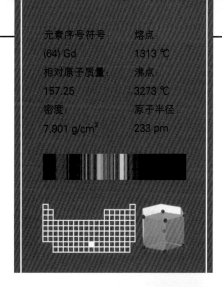

元素序号符号:	熔点:
(64) Gd	1313 ℃
相对原子质量:	沸点:
157.25	3273 ℃
密度:	原子半径:
7.901 g/cm³	233 pm

　　钆是第8种稀土元素。到这里，我们正好接触了一半稀土元素。前面的7种稀土元素被称为轻稀土元素，相对于后面的元素来讲，它们的半径更大，从而显得更加活泼，单质暴露在空气中时会不断被氧化，生成蓬松的氧化物。但是到了钆这里，它就稳定多了，略带淡黄色的钢灰色断面暴露在潮湿的空气中时也会变暗，但很难继续发生反应。钆之后的稀土元素大多是这样，可以在保存的时候不采取特殊措施。

　　钆的居里点是19摄氏度。在这个温度之下，它表现得像铁（26）、钴（27）、镍（28）一样，能够被磁体吸引，而在这个温度之上，它就失去了磁性，不能再被磁体吸引，只有等温度降下来之后才能被重新吸引。从理论上讲，这个实验非常完美，只可惜建立在错误的理论之上。

　　我们在这里需要明确一个新出现的概念——居里点。居里点是指材料由铁磁体转化成顺磁体的温度。注意"铁磁体"和"顺磁体"，它们虽然只有一字之差，却是两个截然不同的概念。铁磁体是指像磁石那样的物质，能够被磁场吸引，而且在原始的磁场被移除后，仍旧能够保持磁性。这样的物质在被加热到居里点之后，就会失去原本因磁化而获得的磁性，就像磁铁受热之后会"退磁"，不再具备吸引铁的能力了，但退磁的磁铁仍然能够被新的磁铁吸引——这就是顺磁性。顺磁性就是被磁场吸引的能力，通常很微弱，也会随着温度的变化而变化。由于钆具有很大的磁矩，因此它能够在高于居里点的温度下表现出顺磁性，继续被磁体吸引。

　　看上去这个有趣的实验就被终结了？不，这里还有一个空子可以钻。前面说了，顺磁性也会随着温度的变化而变化，尤其是在居里点之上，温度越高，其磁化率越低。因此，把钆加热到一定温度的时候，它的顺磁性会微弱到让它无法被磁体吸引，但这个温度绝对不是19摄氏度。因此，我不希望再看见谁试图用简单的热源来演示这个实验了。他们需要的是喷灯，而不是台灯。

　　下一种元素铽（65）从另一个方面诠释了磁的美妙之处。

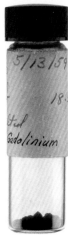

▶ 一瓶来自1959年的古老金属钆样品，由黑褐色粉末组成。

▲ 一颗钆熔珠。虽然钆的用途很少，但是这似乎并不妨碍它有很多外观不同的单质。

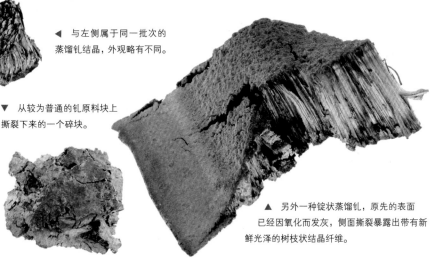

◀ 与左侧属于同一批次的蒸馏钆结晶，外观略有不同。

▼ 从较为普通的钆原料块上撕裂下来的一个碎块。

◀▲ 一块工业生产的纯净蒸馏钆的一角。和钪（21）类似，它的表面的颗粒状晶簇层叠的结构十分有趣。显微摄影画面的实际宽度约为8毫米。

▲ 另外一种锭状蒸馏钆，原先的表面已经因氧化而发灰，侧面撕裂暴露出带有新鲜光泽的树枝状结晶纤维。

Tb
158.92535
Terbium

铽

我们已经受到了一轮磁学轰炸，很多看上去十分生疏复杂的概念在这几种元素身上轮番出现了，但同时使它们变得有趣了。仅仅知道一个东西非常有趣当然不够，如果能够知道是什么使它变得如此有趣，那就更有意义了。由前面的例子可知，看似只能让磁体相互吸引的磁性的强度受到了磁极的排布方向和温度的影响，但它的用途十分广泛，如储存数据，让温度发生变化，甚至让材料的外形发生变化。这就要用到含有铽的铽镝铁磁歪材料了。

这里所说的"外形发生变化"只是狭义的变化，磁歪所能做到的仅仅是让材料在磁化方向上伸缩。听上去有点让人扫兴，但这种性质非常宝贵。由于材料的长度能够在磁场变化时发生变化，因此我们能够严格控制长度变化的差异，甚至产生振动，然后将其用在特殊的扬声器中，使固体表面而不是普通的薄膜产生振动，从而产生更强的声波。

和大多数稀土元素一样，铽的稳定化合价也是+3价，在水溶液中几乎是无色的。当然，铽也有+4价，只不过相对

来说更加不稳定，通常以氧化物或者氟化物的形式存在。天然开采出来的铽是以混合原子价态的氧化物Tb_4O_7的形式出现的，该化合物具有如此诡异的原子比例是因为在这种化合物里面，铽的价态并不相同。类似于Tb_4O_7的混合价态氧化物还有铁（26）的氧化物Fe_3O_4，只不过它是由+2价的铁和+3价的铁按照1：2的比例构成的。Tb_4O_7是由+3价的铽和+4价的铽按照2：2的比例构成的。这种混合原子价态的氧化物在镧系元素中非常常见，铽只是其中的一种。

在提纯之后获得的纯净的铽呈钢灰色，略带淡黄色，可外观和前面介绍的钆（64）十分相似。除了磁歪合金，铽还被用在荧光粉中产生绿色。相比之下，这种用途就没有那么出名了。遗憾的是，镝（66）或许正面临着更冷门的处境。

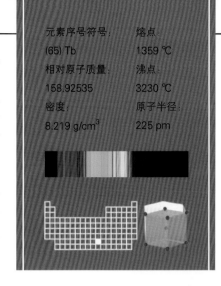

元素序号符号：
(65) Tb

相对原子质量：
158.92535

密度：
8.219 g/cm³

熔点：
1359 ℃

沸点：
3230 ℃

原子半径：
225 pm

▲ 掺有铽离子的玻璃珠，在紫外线的照射下会产生绿色荧光（右图）。

◀ 通过机械加工得到的柱状金属铽，保存在玻璃管里面，以隔绝空气。

◀ 淡黄色的块状铽原料，被氧化的表面有着依稀可见的金相纹路。

◀▲ 高纯度蒸馏铽，非常昂贵，只能通过很小的一块来观察它的树枝状纹路。显微摄影画面的实际宽度约为 6 毫米。

◀ 保存在玻璃管里面的 Tb_4O_7 试剂。

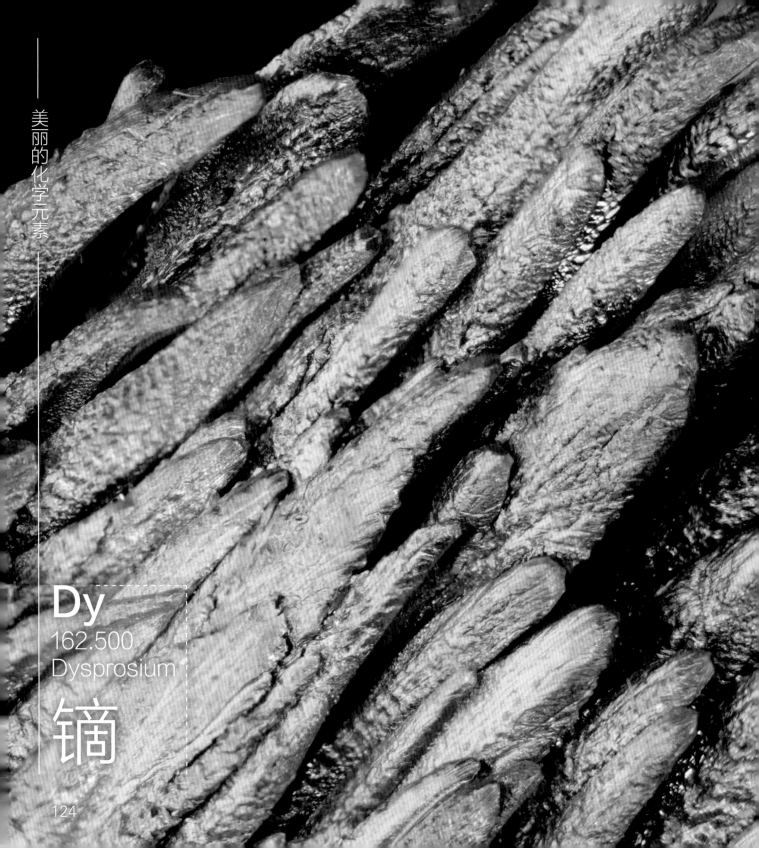

Dy
162.500
Dysprosium

镝

正如它的名字一样，镝[1]非常难以获得，而且用途相当少。纯净的镝通常是通过蒸馏方式生产的，形成美丽的钢灰色树枝状结晶。镝也是一种活泼的金属，暴露在空气中的表面会慢慢变暗（在时间不长的时候，看上去呈褐色，带有一点金属光泽，而时间更长的话，它的表面会变成暗灰色）。到镝这里，稀土元素的金属单质在空气中已经比较稳定了，但仍能够迅速和酸发生反应生成淡黄色的+3价离子。

为什么我要花费这么大篇幅去描述镝的外观和性质呢？镝或许是工业中最冷门的元素之一了，它只有一些很冷门的用途，比如用来罩在反应堆的废料上吸收中子，作为一种添加物加入和磁有关的物质（比如钕铁硼磁铁一般需要添加2%~3%的镝，以提高抗退磁能力）和依靠磁性记录数据的材料中，以及制造刚才所说的铽镝铁磁歪合金（用来实现在磁力控制下的精密机械运动）。一种比较独特的用途是镝的碘化物可以用作金卤灯的光源。除此之外，镝还有一种不为人知的用途就是磁制冷。与其说不为人知，还不如说人们并没有意识到这种用途所用的镝。镝铒铝是一种含有镝的合金，它的成分是 $Dy_{0.8}Er_{0.2}Al_2$，试剂公司在出售这种奇怪的合金时加上了这样的一句话："这些材料可用于磁制冷领域的研究，具有高磁热效应。"哦，磁制冷？

前面提到过，磁能够使物体的温度发生变化，实际上这是一种通俗的、片面的说法。专业一点，我们可以把这称作磁制冷。宏观的磁体可以看成由许多微观的磁极所构成，当其内部的磁极的排列方向一致时就会产生磁场——方向的一致程度越高，磁场越强。磁极的排布从无序到有序伴随着能量的变化。整齐排列的磁极具有更低的能量，而使它们的排列变得杂乱的时候就要吸收能量，表现为磁制冷材料在磁化时放出热量，在退磁时吸收热量，从而实现降温。

磁制冷材料就是通过外加磁场的变化而使材料的温度发生变化的，这类材料有很多种，其中最引人注目的是一种含钆（64）的合金，只不过我觉得在镝这里介绍磁制冷更合适一点，因为它毕竟也是镝的一种性质，而除此之外，很难再找到比这更有趣的现象了。

如果通过实验来研究这些有趣的现象，就需要大量含镝的材料。可惜的是，镝的价格可不低，导致了没有人会用它做大量实验。相比之下，钬（67）的情况好很多，因为至少有人发现了它的一种重要应用。

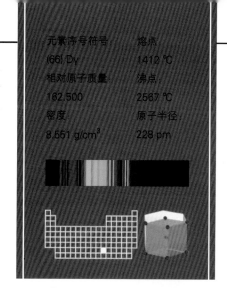

元素序号符号	熔点
(66) Dy	1412 ℃
相对原子质量:	沸点:
162.500	2567 ℃
密度:	原子半径:
8.551 g/cm³	228 pm

▲ 通过金属热还原法得到的镝块。在没有特殊纯度要求时，稀土金属往往以这种铸块的形态出现。

▲ 高色温摄影镝灯，是金卤灯的一种。它使用碘化镝（DyI_2）作为光源，光谱十分密集。

◀ ▶ 一块巨大的蒸馏镝结晶，展示了许多叠在一起的树枝状晶体。显微摄影画面的实际宽度约为10毫米。

▲ 另一种外观的蒸馏镝，晶体结合得更为紧密，只有在顶端能隐约看到颗粒状的晶体末端。

[1] 镝的英文名字为 Dysprosium，来自希腊语 Dysprositos，意为"难以取得"。

Ho
164.93033
Holmium

钬

钬也是一种钢灰色金属，在干燥的空气中比较稳定，如果长期暴露在潮湿空气中，就会被氧化，生成+3价氧化物。在日光照射下，+3价的钬在水溶液中是橙黄色的。不过，在这里需要说明是什么光源环境，钬的化合物的颜色会随着光源的改变而发生变化。

在日光照射下，氧化钬（Ho_2O_3）的颜色是黄色，而在三色荧光灯的照射下则变成了粉红色，其原因是三色荧光灯发射线状光谱，钬离子会强烈地吸收其中的部分光谱。

相对于刚才介绍的镝（66），钬的用途多了许多。除了和镝一样用于制造金卤灯以及吸收中子的金属材料以外，钬作为激光元件中的一种理想的添加材料，能产生精度更高的激光，广泛用于破碎人体内的结石。

同样有趣的是，氧化钬是已知的顺磁性最强的物质之一，而钬又具有相当大的磁矩，可以被制作成磁极片，用在核磁共振仪中，使被检查的器官中的原子按照强烈的磁场有序排布，从而显示它们的轮廓。这种磁场是如此强大，以至于被检查者要严格确保自己体内没有金属碎屑。以下六种患者不适合做核磁检查：安装心脏起搏器的人、眼球内有或疑有金属异物的人、接受动脉瘤银夹结扎的人、体内有金属异物存留或安装金属假体的人、有生命危险的危重患者以及幽闭恐惧症患者。对于前四种人来说，体内存留的金属碎片会在强烈的磁场中发生运动，从而造成不太好的后果。而第五种是理所当然的事情，至于第六种，可能是因为检查环境看上去

很压抑吧。这和不能让癫痫患者在病症发作的时候接触尖锐物品应该是一个道理。

钬凭借独特的电子结构将它的磁学特性发挥得淋漓尽致，而当我们真正把它当作一种化学元素看待的时候，又能发现一些有趣的性质。这是多么好的事情啊！下一种元素铒（68）或许能在光学上给我们带来一番新的体验。

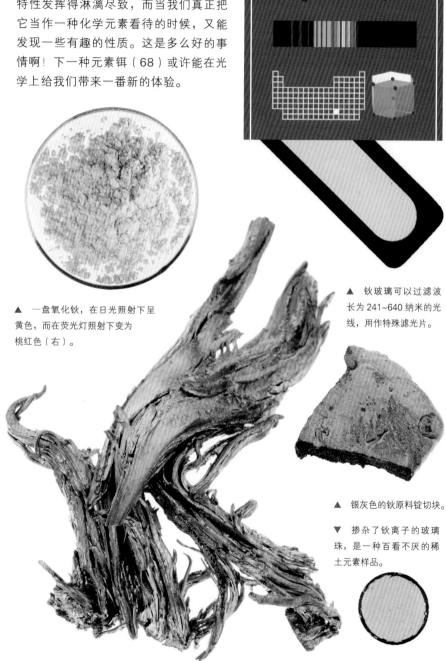

元素序号符号：
(67) Ho
相对原子质量：
164.93033
密度：
8.795 g/cm³

熔点：
1472 ℃
沸点：
2700 ℃
原子半径：
226 pm

▲ 一盘氧化钬，在日光照射下呈黄色，而在荧光灯照射下变为桃红色（右）。

▲ 钬玻璃可以过滤波长为 241~640 纳米的光线，用作特殊滤光片。

▲ 银灰色的钬原料锭切块。

▼ 掺杂了钬离子的玻璃珠，是一种百看不厌的稀土元素样品。

◀ ▶ 一块蒸馏钬的晶体，放在显微镜下可以观察到它粗大的晶枝表面布满了细碎的鳞片状晶晶。显微摄影画面的实际宽度约为 13 毫米。

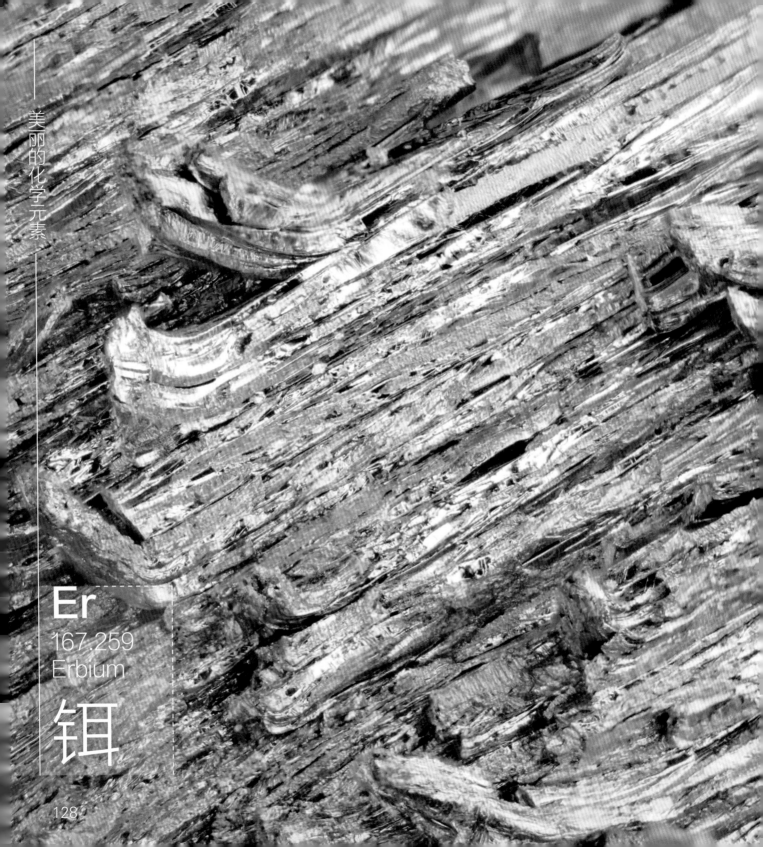

Er
167.259
Erbium

铒

稀土元素到了铒这里已经很容易在干燥空气中长久保持光泽了。由于没有氧化物的遮盖，纯净的铒看上去比前面几种稀土元素单质要更闪亮一些。氧化铒（Er_2O_3）呈可爱的玫瑰红色。我们应该把目光重新投向整个镧系元素，它们之间似乎存着一种微妙的联系，只不过我们以前一直没有注意到罢了。

人们公认的镧系元素一共有15种，即镧、铈、镨、钕、钷、钐、铕、钆、铽、镝、钬、铒、铥、镱、镥。如果你留心我以前说过的话，就会注意到我在说到每种稀土元素的时候几乎都提到了它们的+3价离子在水中的颜色。尽管信息不是十分充分，而且非常零散，但我们把它们放在一起时，你又会发现什么呢？我们再来看看稀土元素的+3价离子的水溶液的颜色，它们的颜色从镧到镥依次是无色、无色、草绿色、紫红色、橙黄色、黄色、无色、无色、无色、米黄色、金黄色、桃红色、浅绿色、无色、无色。

当把这15种颜色排成一列时，我们会发现它们近似以第八种颜色（无色的钆）为对称轴，左右对称分布。这么多种元素遵循这种规律，说明这绝对不是巧合，而当我们知道离子的颜色通常和其电子层中未成对的电子数量有关之后，这就没有那么让人惊讶了。+3价的镧系元素原子剥掉了"反常"排布的电子，剩下的都是数量规规矩矩地在4f轨道上依次递增的电子，而未成对的电子数量从1到7依次递增，再从7到1依次递减，因此展现出了对称性。当溶液中的离子受到光线照射的时候，填充在4f亚层上的电子就会吸收一定波长的光，从

而发生跃迁，而那些看上去没有颜色的离子吸收的是不可见光，即红外光和紫外光。

说了这么多，稀土离子的颜色有什么用呢？答案可能会让你很失望，其实基本上就是为了漂亮。这些能够显出颜色的稀土离子可以用来制作陶瓷釉彩，或者为玻璃着色，总之就是怎么漂亮就怎么来。值得一提的是，和钕的颜色相对应，钷（61）由于具有放射性而无法被应用，所以钕所呈现的金黄色比较珍贵（实际上二者仍稍有差异）。

当然，话不能说得太绝对了。并非所有的稀土元素离子都只有美观这一个特点，铒离子有一个有趣的应用：当+3价的铒离子被掺入到玻璃中之后，它不仅仅是让玻璃呈现出美丽的红色，同时还让这种玻璃成为了现代通信系统中非常重要的材料，用于制造掺铒光纤放大器。它能够让光信号在光纤中传导时得到增强，获得更高的能量。提供给光信号的能量肯定不是凭空产生的。在这种光纤工作之前，需要用激光提前将能量"注入"其中，即将能量储存在铒原子的电子中，使之处于激发态。而处于激发态的电子在受到特殊波长的光脉冲激发时，又会将储存的能量释放出来，回到原来的轨道上。这看上去非常神奇，是不是？其实，这也是激光器的工作原理。

铒在光学上如此优秀的表现不得不让后面的铥（69）大为尴尬，因为相比之下，铥的存在感简直太弱了。不过，对于如此冷门的元素位于一种重要元素后面的现象，我们已经不是第一次见到了。

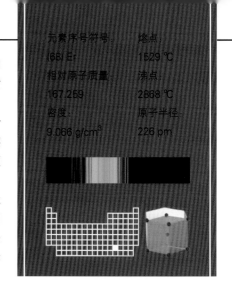

元素序号符号：	熔点：
(68) Er	1529.℃
相对原子质量	沸点：
167.259	2868.℃
密度：	原子半径：
9.066 g/cm³	226 pm

▲ 半球状铒熔锭。

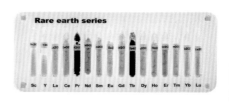

▲ 一套用来对比稳定稀土元素常见氧化物颜色的教具，可以显示颜色的变化规律。

◀ ▶ 斜坡状蒸馏铒的边缘材料，在被撕裂之后暴露出来的树枝状结晶十分清晰，而且具有新鲜金属表面的银灰色光泽。显微摄影画面的实际宽度约为 10 毫米。

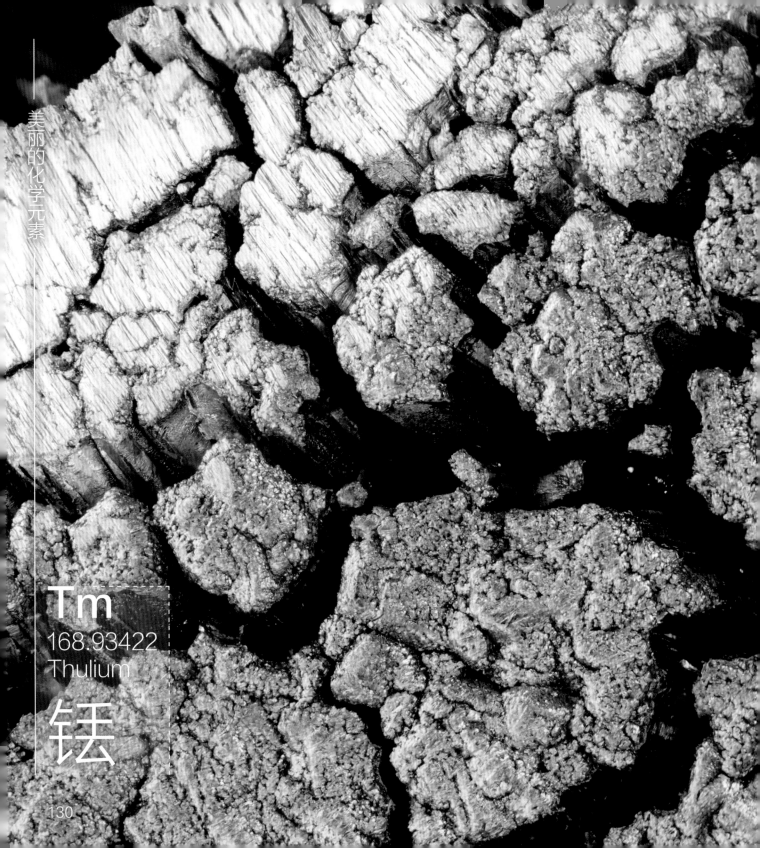

Tm
168.93422
Thulium

铥

在打量元素周期表时，我们很难注意到铥，因为它处于一个偏僻的角落，又没有一种为大家所熟知的用途。这怪谁？很遗憾的是，就铥迄今为止少得可怜的用途来讲，它还是默默无闻。铥与前面一样冷门的镝（66）相似，前者用在光源中产生绿色发射线，而后者则产生红色发射线。人们根本不会在它们产生的灯光下路过的时候想到它们的名字。不过，铥所吸引人的还是它的外表和价格。

银灰色的铥往往以树枝状结晶的形态出现，我们一般只能得到这种形态的铥，因为在生产、蒸馏提纯之后，没有任何必要再将其加工成其他形状了，甚至连把它们熔化一次都嫌麻烦。因此，保留下来这样松散的金属块。在被撕裂后，美丽的树枝状结晶就会呈现在人们的眼前。事实上，被出售给那些愿意收集各种金属的人的铥占据了铥单质的主要市场份额。

但是，铥的价格说得上是合理的。这是因为它少得可怜的用途使它在生产出来之后极少被购买和使用。得益于从矿石中提取稀土元素的技术的完善，铥往往作为一种副产品出现。实际上，我们应该感谢这种方法，这种方法让铥和其他几种稀土元素成为了一种能够获得的金属材料。它们的出现不再仅仅停留在理论上，许多学者能够以实验为理由购买到那些昔日作为世界博览会展品的金属样品（试想一下，这些样品在过去是多么宝贵）。这又功归于谁呢？

如果非要刨根问底，我们最终会找到提取铥的方法——离子交换法。稀土元素具有相似的结构，因此它们的化学性质的差异很小，人们很难用常规的手段对其进行分离。说到这里，我们就要提到一个有趣的故事了。曾经有一位科学家想用含有铥的矿石提纯铥。这些铥和其他稀土元素共生，混杂在一起，他只能够根据某些化合物溶解度的微小差异进行分离。于是，这位科学家凭借惊人的毅力将相同的步骤重复了上万次（一开始每天只能操作一两次），但最终仍无法彻底分离出铥，因为铥和其他稀土元素的性质太相似。这听上去太可惜了。

这位科学家一生都没有彻底完成的工作放在今天或许几小时就能完成。根据稀土元素化合物溶解度的不同，我们很难在水溶液中将其分离，而当把这种溶解度表现为某种材料对它们的吸附度的时候，人们就设计出了阳离子交换树脂。当混有各种稀土元素离子的溶液经过阳离子交换树脂的时候，其中的阳离子会被"置换"到溶液中。

树脂对不同的稀土元素有着不同的吸附度，因此不同的稀土元素就像参加赛跑的选手一样，凭借着不同的速度在树脂"赛道"上拉开差距，从而形成了许多富集某一种特定稀土元素的树脂片段。将这些片段切开，再用其他手段置换出这些稀土离子，就能够得到高纯度的稀土化合物了。这种方法的原理听上去非常简单，但在实际操作中树脂中所用的材料决定了吸附的先后顺序，材料的选择仍是人们正在研究的课题。

阳离子交换法不仅改变了铥的尴尬处境，还使后面的稀土金属的提取也不再是可望而不可即。哦，下一种元素是镱（70）。相对来说，它的情况还算好一点。

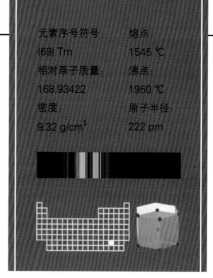

元素序号符号：　　　熔点：
(69) Tm　　　　　1545 ℃
相对原子质量：　　　沸点：
168.93422　　　　1950 ℃
密度：　　　　　　　原子半径：
9.32 g/cm³　　　　222 pm

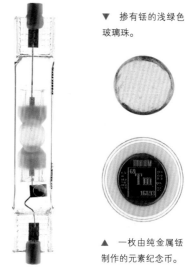

▼ 掺有铥的浅绿色玻璃珠。

▲ 一枚由纯金属铥制作的元素纪念币。

▲ 一些金卤灯（例如飞利浦MHN-TD型号灯管）利用碘化铥（TmI₃）产生绿色发光谱线。

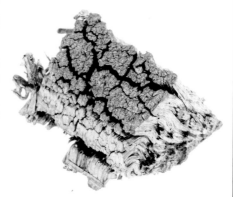

◀ ▶ 斜坡状蒸馏铥结晶的末端，结晶颗粒不太明显。机械加工使它的表面像地球上的大陆板块一样断裂开，从而隐约展现出内部的树枝状结晶。显微摄影画面的实际宽度约为10毫米。

Yb
173.045
Ytterbium

镱

当接触一种元素的时候，你首先应该注意的是这种元素的汉字译名。但从绝大多数汉字译名的来历来讲，你无法通过这个汉字推测出该元素名称的来源。这是由于清末我国学者徐寿[1]根据外文进行音译，赋予了原有的一些汉字一个新的身份，我们只能根据这些字的读音摸索元素可能的英文名字（其中不乏例外现象）。但如果呈现在你眼前的是用英文书写的元素名称，那么你很快就会发现一些不寻常的事情。

随着原子能技术的发展，创造出现有元素周期表中的最后几种元素成为了各国证明自己实力的象征，而当他们的报告属实时，IUPAC（国际纯粹与应用化学联合会）就会赋予这种元素一个合理的名称。你能够看到许多国家、州、城市的名字都出现在了人造元素的名字中。当科学家千辛万苦，让那些转瞬即逝的元素的原子以自己的祖国命名的时候，一座小岛的名字竟得以用来命名四种稳定的元素。这太不公平了，而毫不知情的人们在看到这四种元素的英文名称时也会一头雾水，一不小心就会把它们搞混。

在稀土元素中，钇（40）、铽（65）、铒（68）和镱这四种元素的名字都是根据一座位于瑞典东海岸、叫作伊特比（Ytterby）的小镇命名的，其原因十分简单。人们在这座小岛上的矿洞中接二连三地发现了新的元素，为它们绞尽脑汁想出标新立异的名字似乎不太划算，不如干脆就用这座小岛的名字来命名它们吧。于是，Ytterby被砍掉后半段，成了Yttrium（钇）；被砍掉前半段，成了Terbium（铽）；被多砍掉一点，成了Erbium（铒）；最后索性全部保留，于是就有了Ytterbium（镱）。如此相似的名字成为了化学史上的奇谈，在把人们搞得晕头转向的同时，还赋予了伊特比这座小岛独特的意义。

镱和其他三种元素的存在不仅仅是作为一种炫耀。和其他三种元素一样，镱除了可以用在激光器中（达到更大的增益宽带，从而进一步提高放大效率）以外，还有一种并非广为人知的用途。我们现今关于时间的概念或许还停留在用铯（55）制作的原子钟上。我在讲到铯的时候提到，秒的定义是"铯-133原子基态的两个超精细能级之间的跃迁所对应的辐射的9192631770个周期所持续的时间"。好复杂，对吧？由于铯原子独有的、一成不变的性质，无论在何处，只要你能用铯测出这个周期，那么就能得到1秒的准确长度。

这个方法也不是绝对精准，没有误差。如果位于美国科罗拉多州的铯原子钟是由7000万年前的恐龙建造出来的，并且保持正常运行，那么到今天就会产生不到1秒的误差。科学家后来用更重的镱制造原子钟，它的精确度比铯原子钟高十余倍，因为在测量镱的这个周期的时候使用的是可见光而不是微波。可是，7亿年（大约对应于1秒的误差）前谁会建造它呢？这个东西很好，但是知道的人似乎还不多，这就不太好了。

镥（71）是最后一种稀土元素。不知道为什么，我倒是希望它到来得不是那么快。

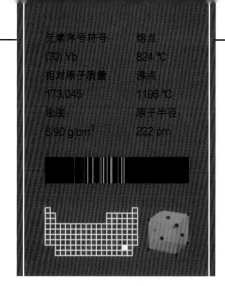

元素序号符号：　　　熔点：
(70) Yb　　　　　　824 ℃
相对原子质量：　　　沸点：
173.045　　　　　　1196 ℃
密度：　　　　　　　原子半径：
6.90 g/cm³　　　　 222 pm

▲ 纯镱铸锭，来自苏联。它的表面的两个钻孔是人们在分析材料内部质量的时候留下的。

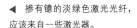

◀ 掺有镱的淡绿色激光光纤，应该来自一些激光器。

◀ ▶ 一块巨大的蒸馏镱，被剪切撕开暴露出内部的结晶结构。无论是外形还是淡黄色的色泽，镱都和木头很像。显微摄影画面的实际宽度约为 19 毫米。

[1] 徐寿（1818 — 1884），清末科学家，中国近代化学的启蒙者。

Lu
174.9668
Lutetium

镥

镥是最后一种"传统定义"上的稀土元素。4f电子层一共有7个轨道，每个轨道可以容纳两个电子，因此有14种稀土元素。从镥开始，它就要开始填充新的5d轨道了，而在这个轨道上增加的电子以及已经填满的4f轨道都会让镥和之前的14种稀土元素之间的差异变得十分明显。（我会在本书后面的附录3中详细介绍这些轨道）不过，人们还是习惯把镥归为稀土元素，因为镥在一些化学反应中的表现和其他稀土元素比较相似，而且在地球上也是和这些元素共生的。

稀土元素的活泼性是逐渐递减的，第一种稀土元素镧（57）十分活泼，无法在空气中长期保存，而到了镥这里已经相当稳定和坚硬了。镥的银灰色表面看上去和过渡金属没有太大的区别，但端详它时，你根本无法意识到这看似朴素的外表下是一种曾经最昂贵的稳定元素。

镥的用途非常少，在地壳中的含量也很少，而且一开始人们难以将其分离。好在有了离子交换法，这种在过去无比昂贵的元素变得触手可及。镥的处境和铥（69）类似，同样面临着用途非常少的问题。这个问题是稀土元素目前普遍存在的。人们不断开采稀土，但它们的用途十分有限。虽说稀土元素在这些方面大多是必不可少的，但在发现它们所适用的主要领域之前就把它们消耗殆尽，这是不对的，但也是真实发生的。我觉得现在没有必要花太大的篇幅讲和稀土资源有关的问题以及镥的冷门用途，我们不如来看看这15种元素的出现给整个元素周期表带来了什么变化。

元素周期律告诉我们，对于同一周期的元素，从左到右，原子半径依次减小，这缘于逐渐增多的核电荷数和不变的电子层数。原子核的核电荷数越高，对外层电子的吸引力越强，半径就越小。元素周期律又告诉我们，在元素周期表中，从上到下，同一主族的元素的原子半径依次增大。于是，在镧系元素这里就出现了一个有趣的现象——镧系收缩。

从镧到镥共有15种元素。除了铕（63）和镱（70），它们的原子半径逐渐递减（铕和镱反常的原因是电子的排布反常），因此镥和镧的原子半径相差很大。再加上从第五周期到第六周期过渡时原子半径增大，镥后面的元素铪（72）和铪正上方的锆（40）的化学性质极其相似，它们的原子半径和离子半径也几乎一模一样。除了锆和铪，它们后面的几组元素[铌（41）和钽（73），钼（42）和钨（74）]也面临着同样的问题：这些元素的纯净物是非常重要的原料，将它们分离开来是一项非常困难而又值得尝试的工作。

不管怎么说，稀土之路似乎到此为止了，后面的元素让我们更加期待。不如让我们先休息一下，然后准备迎接精彩的下一章。

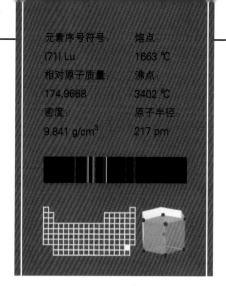

元素序号符号：	熔点：
(71) Lu	1663 ℃
相对原子质量：	沸点：
174.9668	3402 ℃
密度：	原子半径：
9.841 g/cm³	217 pm

▶ 金属镥熔珠。镥的用途很少，因此除了收藏，不会有人制作这样的样品。

▲ 一块黄褐色独居石 [(Ce,Y,La,Th)PO₄]，其中含有所有稀土元素，当然也包括镥，其含量在0.0001% 左右。

◀ 硅酸钇镥闪烁晶体（LYSO），镥–176 核素衰变产生的射线可用于 γ 射线探测器校准。

▼ 纯镥切块，是镥单质最常见的形态。

◀ ▶ 罕见的蒸馏镥结晶。镥很少被蒸馏，而且形成的结晶颗粒很小，结晶片非常薄。显微摄影画面的实际宽度约为 5 毫米。

第 5 章　备受瞩目的明星金属

　　跟着副族元素的步伐，我们来到了元素周期表中最规整的一个区域，这个漂亮的矩形中全都是可爱的金属元素。本章将介绍副族元素中的IVB族、VB族和VIB族，即钛副族、钒副族和铬副族。通过它们的名字，我们可以猜到，它们在化学反应中往往容易呈现分别失去4个、5个、6个电子的化合态。实际上，过渡元素的化合价十分多变，除了它们对应的族数，往往还有一些其他的化合态。正因为有着多种化合价态，副族元素化合物的种类、它们所呈现的色彩以及它们的用途十分丰富和广泛。

　　就单质来讲，这几种金属元素是实打实的常用金属。它们各自有着不同的原子结构，从而导致了它们具有不同的性质，因此可以在不同的领域发挥不同的作用（结构决定性质，性质决定用途）。有趣的是，关于这些性质，很难从它们的结构上窥知一二，但又让你感到十分惊喜。除了都很优秀的稳定性以及较高的熔点（这一区域的部分元素称为难熔金属），你很难通过一种过渡金属在元素周期表中的左邻右里的用途来推测它的独特用途。正是因为它们有着广泛而不同的用途，人们在寻找获取、分离这些元素的方法上做了不少文章，而且有一些通过特殊工艺生产的单质样品被保留到了现在。在了解它们背后的故事之后，我们不得不赞叹这些方法多么精妙。

扫描二维码，观看本章中部分
元素样品的旋转视频。

钛 Titanium
47.867
22
Ti

锆 Zirconium
91.224
40
Zr

铪 Hafnium
178.49
72
Hf

钒 Vanadium
50.942
23
V

铌 Niobium
92.906
41
Nb

钽 Tantalum
180.948
73
Ta

铬 Chromium
51.996
24
Cr

钼 Molybdenum
95.95
42
Mo

钨 Tungsten
183.84
74
W

Ti

47.867
Titanium

钛

关于钛合金的名字，我们已经听说过很多次了。我们知道，钛合金和纯钛的性能都十分优良。不过在这里，我要说一个让人遗憾的事实：钛可能并没有你所想象的那么神乎其神。钛本身是一种很活泼的金属，它的耐腐蚀性能在很大程度上缘于它在空气中形成的一薄层透明的氧化膜。钛也并不是很轻，它的密度虽然很小，但是也并没有到夸张的水平。唯一让人欣慰的是，它的强度比铁（26）、铝（13）高。说了这么多，你可能还没有见过真正的纯钛。

我们首先应该明确一点，在这个世界上，没有人能够制得纯度为100%的元素样品。抛开这个事实以及一些商家虚标纯度（比如高得吓人的99.99…99%）的做法，一些拿和钛的关系不大的金属或者合金来冒充钛制品的商家更让人讨厌。众所周知，钛制品有很多优良的性能，但是它的部分用途

可以被其他廉价的金属替代。比如，你拿着一把商家标注是钛而实际上是铝合金的勺子吃东西时，你会一直以为它是用钛制造的，除非用一种听上去残酷、看起来漂亮、做的时候很让人激动的方法来鉴别它们，那就是打磨。

当金属变成粉末的时候，由于表面积增大，散热困难，它们十分易燃。当用一个砂轮打磨金属的时候，摩擦产生的热量往往就可以使打磨下来的粉末燃烧。钛的粉末在燃烧时会产生耀眼的亮黄色火花，一定会让你过目不忘。没有其他元素能产生这样的火花。所以，当人们想确定一个东西到底是不是真正的钛制品时，可以用砂轮简单粗暴地磨一磨，答案就藏在火花里。

很早以前，纯净的钛是用碘化物热分解法制得的，我在后面会讲到。位于钛下面的锆（40）也可以用同样的方法制取。

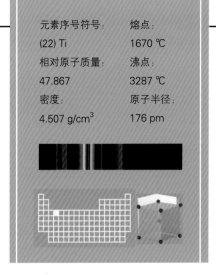

元素序号符号：	熔点：
(22) Ti	1670 ℃
相对原子质量：	沸点：
47.867	3287 ℃
密度：	原子半径：
4.507 g/cm³	176 pm

▲ 现在的钛基本上都是通过化合物热还原法生产的，得到的产品就是这种蓬松的海绵状钛。

◀ 钛晶体棒片段，一端在被熔化切断后经过了酸液的蚀刻。

◀ 经切割得到的钛块，来自一块更大的钛板。

▶ 一根钛晶体棒，通过碘化物热分解法制得。

◀ ▲ 一块通过电解法生产的高纯度钛结晶簇，其中有一大块十分独特的六边形镜面晶体。显微摄影画面的实际宽度约为 8 毫米。

▲ 一块经过长期使用的纯钛溅射靶。

这些造型奇特的钛结晶可能是通过电解熔融化合物的方法获得的。很早以前，美国的一些工厂生产过一批这样的钛结晶，但是我并不了解详细的信息。有趣的是，这样的钛晶体和晶体棒的外观完全不同。这些样品的外表看上去非常有趣，也很闪亮，由于轻微氧化的缘故而有些发黄。不过，它们的形状真的很吸引人，这可能是由于它们是钛的另外一种同素异形体。钛的同素异形体？没错，我想一些读者可能会觉得很费解，他们也许会说："我觉得常见的同素异形体只存在于几种非金属中，比如碳（6）、氧（8）、磷（14）。我从来没有听说过钛这种常见的金属还有同素异形体。"拍拍你的头，不要沮丧。你的认识合乎常识，常见的非金属同素异形体都是通过原子形成不同的分子导致的。问题出在了这里：金属原子

◀ ▲ 这是早先时候在美国生产的钛晶体，结晶的轮廓较为模糊，颜色也发黄。显微摄影画面实际宽度约为 19 毫米。

也会以不同的形式堆积。虽然金属不像非金属那样形成了不同的分子，从而在性质上产生显著的差异，但是它们的外观会有所不同，而且这种现象很常见。钛在882摄氏度时会发生相变，晶体结构由六方密堆积转变成体心立方。这些电解生产的钛结晶明显具有前者的外观，所以在生产它们的时候可能是在较低的温度下进行的，而生产晶体棒时的温度更高。

有趣的是，最近几年我国的一家工厂也通过电解法生产了一批纯度很高的金属钛，包括在前一页中展示的样本。它们的表面更像镜面，而且有些样品的银白色色泽更亮。把这两种通过电解得到的金属钛样品放在一起进行对比，是一件蛮有意思的事情。关于钛，到这里就结束了？不会的，钛还有太多东西值得去讲。

▶ ▲ 这是近几年我国生产的电解钛结晶，结晶轮廓更加清晰。显微摄影画面的实际宽度约为19毫米。

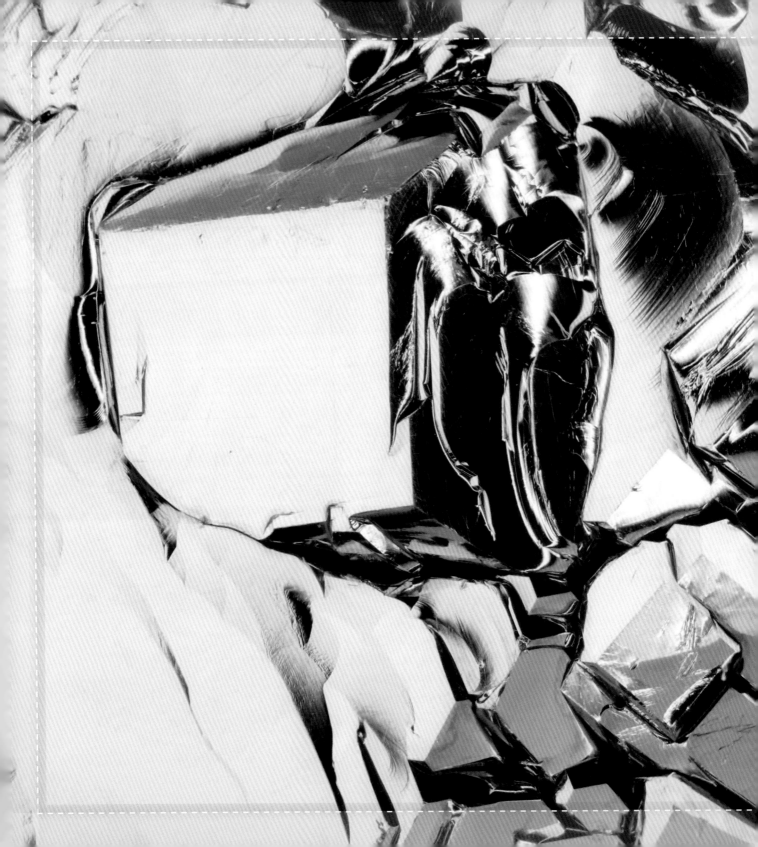

资料告诉我们，钛是在18世纪后期被发现的，但在此后的100年里，由于含有杂质的钛的机械性能较差，因而钛很少被使用。第一批生产出来的钛样品在很大程度上受到了一些非金属元素杂质的污染，从而使得它们的质地很脆，不能被加工。

在上个世纪初期，化学家安东·爱德华·范·阿克尔和扬·享德里克·德波尔研发出了碘化物热分解法，制备出了可供锻造使用的纯净金属钛。这种方法是让钛金属原料被加热到500～600摄氏度，然后和碘（53）蒸气发生反应，生成四碘化钛（TiI_4）。四碘化钛在高温下不稳定，当被加热到1100～1500摄氏度时就会分解，重新形成金属钛和碘。由于

钛原料中的一些杂质不会形成挥发性碘化物，或者形成了分解温度不同的碘化物，因此在特定温度下分解过程中形成的钛结晶就不再会包含它们，从而达到了分离提纯的目的。

这根晶体棒的顶端有一个包埋在内部的握把状的钼（42）电极热源。这些钼电极原本是用来提供热量的（人们采用钼的原因或许是它能在高温环境中保持一定的强度且耐腐蚀）。以前，人们经常用这种方法获得钛，而绝大多数晶体棒在生产出来之后会被熔化，重新变成锭状金属。之所以留下了这样的一段，或许是包埋在顶部的钼影响了样本的纯度，致使这块钛无法达到预计的纯度（99.999%）。

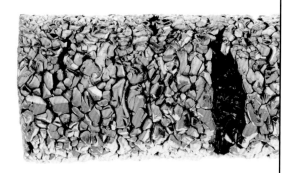

▲ 这个样品的钼电极断掉了，只剩下一部分留在了晶体棒的顶部（照片中未显示）。钛会沉积在热源上，越长越大，最后剥落，形成了这根晶体棒上显示的缺口。

◀ 我对这个样品非常满意：它的外观非常完整，下半段还出现了像镜子一样平滑的表面以及"镶嵌"在表面上单颗巨大的晶体，相当漂亮。同时，把它握在手里的感觉也非常棒。显微摄影画面的实际宽度约为19毫米。

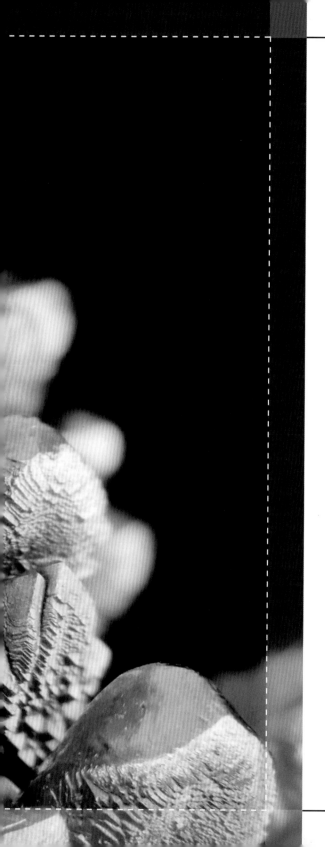

　　遗憾的是，如此美丽的晶体棒已经随着工艺的改善成为了古董。人们现在生产纯钛时采用的都是成本更低的方法，而且产品也不再是这样美丽的晶体棒了。现在留存的这种晶体棒也会越来越少，但这不代表它们就不能给我带来惊喜了。

　　在见到照片中的这根钛晶体棒之前，我没有在任何其他地方见过这样的钛——看上去像树枝状结晶，而且每一颗晶粒都像液滴一样，可能是由于过度生长的缘故。我不知道确切的原因，但它至少是钛，一种我以前从来没有见过的钛。

　　借这个样品，我想可以再讲一点关于用碘化物热分解法生产钛晶体的内容。如果观察得足够仔细，你就会发现用这种方法制作的钛晶体大多都是棒状的，而它们的外观有所不同！在它们的表面，有的晶体非常圆，有的棱角分明，有的排列成鳞片状，还有你现在见到的这种呈树枝状的。它们的外表的差异缘于生长环境不同：有的是在工厂里制作的，有的是在实验室中制作的。在实验室中也可以用类似于工业上采用的方法制备晶体棒，只不过相对来讲简单一些。用一根悬挂在容器顶部的细钨丝提供热量，让金属沉积在它的上面，这样生产出来的晶体棒就见不到顶端的钼电极了。

　　其实，这个原理也用在钨丝灯泡中，以延长它的使用寿命。在高温工作环境中，钨会挥发，进而沉积在温度稍微低一些的灯泡壁上。而在灯泡中充入适量的碘（17）就会让沉积在灯泡壁上的钨和它们发生反应生成碘化物，这种物质能够在温度更高的灯丝上分解，进而降低损耗。

▲ 美国的一间实验室在 20 世纪 70 年代测试用碘化物热分解法生产的金属钛时的两个测试品，它们来自同样的工艺，不过生产条件的细微差异让它们的外观截然不同。

◄ 一根巨大的钛晶体棒，表面的晶体颗粒可以用"粗犷"来形容，层次感非常强烈。显微摄影画面的实际宽度约为 19 毫米。

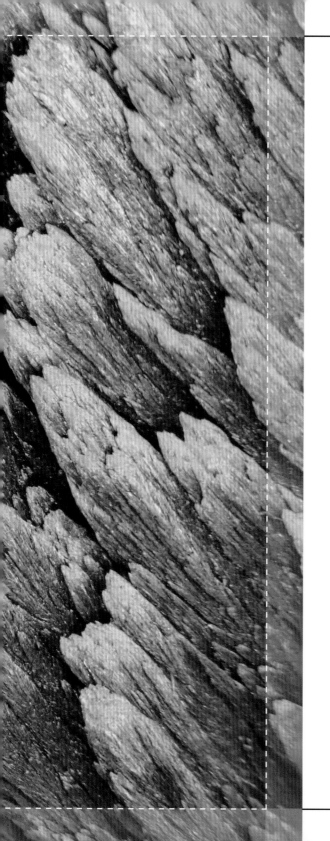

由于金属钛的发现时间比较早，性能比较优异，人们花费了大量精力去寻找获得纯净金属钛的方法。除了前面几页介绍的电解法和碘化物热分解法，这里还有一种蒸馏法。如果不是这个实实在在地出现在眼前的样本，或许你可能不相信钛曾经被这样提纯过，但是其表面的羽毛状结构明显表明了它的生产方式。

如果你想知道这本书中最独特的样品是哪一个，那么我想它应该就在这里了。据我所知，全世界只有四五个这样的样品（其中一个的下半部分被切开撕碎变成了更小的碎片），它们仅仅停留在测试阶段（金属钛在一个电炉中被蒸馏，然后沉积在冷却源上）。人们可能意识到了这种方法可行，但是能耗过大。换句话说，就是相比之下，这种工艺没有什么亮眼的特点，它就这样成为了历史。关于其余的信息，例如它是什么时候在哪里生产得到

的，我就无从知晓了。我从权威的收藏者那里了解到的信息仅限于这些了。

到了这里，不知道你有没有感觉出来，我所展示的金属钛样品的表面都或深或浅地带有一些黄色。所有的资料（其中一些配了一张颜色发黄的金属钛样品照片）都认为钛呈银白色。我有一个看上去相对来讲呈银白色的金属钛样品，它和其他的钛相比白得太多了，甚至有点不像钛。钛的活泼性质使得它在空气中形成了一层氮氧化物薄膜，从而导致其颜色发黄。钛真的是银白色的吗？并不是。

在真切地接触过许多可以收集到的元素样品之后，我意识到金属表面的颜色并非如同资料所言，大多数都不是银白色。在很多情况下，金属表面都呈其他颜色，比如下一页中展示的锆（40）。

◄ 一块罕见的蒸馏钛结晶簇，其表面的羽毛状结晶结构十分细腻。显微摄影画面的实际宽度约为13毫米。

Zr

91.224
Zirconium

锆

锆是一种银灰色金属，它和钛（22）一样，除去氧化外自身也发黄。锆的外表平平，第一眼看上去和其他金属没有特别明显的差别。在核工业上，锆有一个很有趣的性质：它是吸收中子能力最差的元素，如果把它用在核反应堆里，它能够有效地减小因吸收中子而对核反应产生的影响（比如热利用率和速度的降低）。因此，你能够见到用纯锆制成的核反应燃料棒保护管。值得注意的是，锆还有一点和钛一样，它们的性质都十分活泼，全依赖表面的氧化膜来保护内部的金属。震惊世界的日本福岛核电站事故[1]正是因为锆燃料保护管在高温下和水蒸气发生反应产生的氢气爆炸，从而使得后果变得更为严重。

抛开核工业上的应用，有氧化膜的锆还是一种耐腐蚀的金属材料，而且是耐酸、碱能力最强的非贵金属之一。不过，它和氧气（O_2）的反应方式十分特别：在非常高的温度下，氧气会溶解在锆原子之间的缝隙中，而不是形成化合物，只是分散在其中。掺杂了氧的锆会变脆，锆凭借这种特性被用作真空管的除气剂，在高温下去除内部残余的氧气。

和提取钛一样，人们也采用化合物热分解的方法来获得纯净的锆单质。在一根电热丝上，锆的化合物被缓慢地分解，锆原子沉积到逐渐长大的晶体棒上，在表面形成美丽的纹路。我们如今所见到的绝大多数锆是用这种方法提纯的。锆的诸多性质综合在一起，或许会让它显得不那么平庸。人们似乎慢慢地开始把锆看作一种非常神奇的金属，有些国家发行过用纯锆制作的纪念币，有的公司把锆铸造成几盎司（1盎司等于28.350克）重的金属锭用于投资。不过，人们好像没有考虑过铪（72）。

元素序号符号：	熔点：
(40) Zr	1854 ℃
相对原子质量：	沸点：
91.224	4406 ℃
密度：	原子半径：
6.511 g/cm³	206 pm

▲ 从一根巨大的锆结晶棒上切削下来的一部分。

▶ 一根通过碘化物热分解法制得的锆结晶棒，其中一半通过区域熔炼形成了平滑的表面。这个样品是用来通过测试纯度评估生产工艺的。

▼ 被酸液蚀刻过的锆结晶棒切段。

▶ 一根可能用于核工业的金属锆管零件。

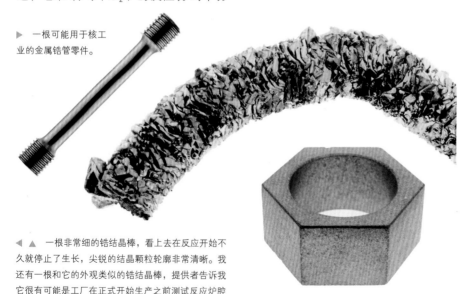

◀ ▲ 一根非常细的锆结晶棒，看上去在反应开始不久就停止了生长，尖锐的结晶颗粒轮廓非常清晰。我还有一根和它的外观类似的锆结晶棒，提供者告诉我它很可能是工厂在正式开始生产之前测试反应炉腔环境的时候生产的测试品。显微摄影画面的实际宽度约为13毫米。

▲ 一个螺母状的锆零件，其表面有被蚀刻暴露出来的结晶纹路。它具体是用来做什么的，就不得而知了。

[1] 位于日本福岛县海滨的福岛第一核电站在 2011 年 3 月 11 日发生的地震中遭到破坏，发生了一系列设备损毁、堆芯熔毁、辐射释放等核能灾害事件。

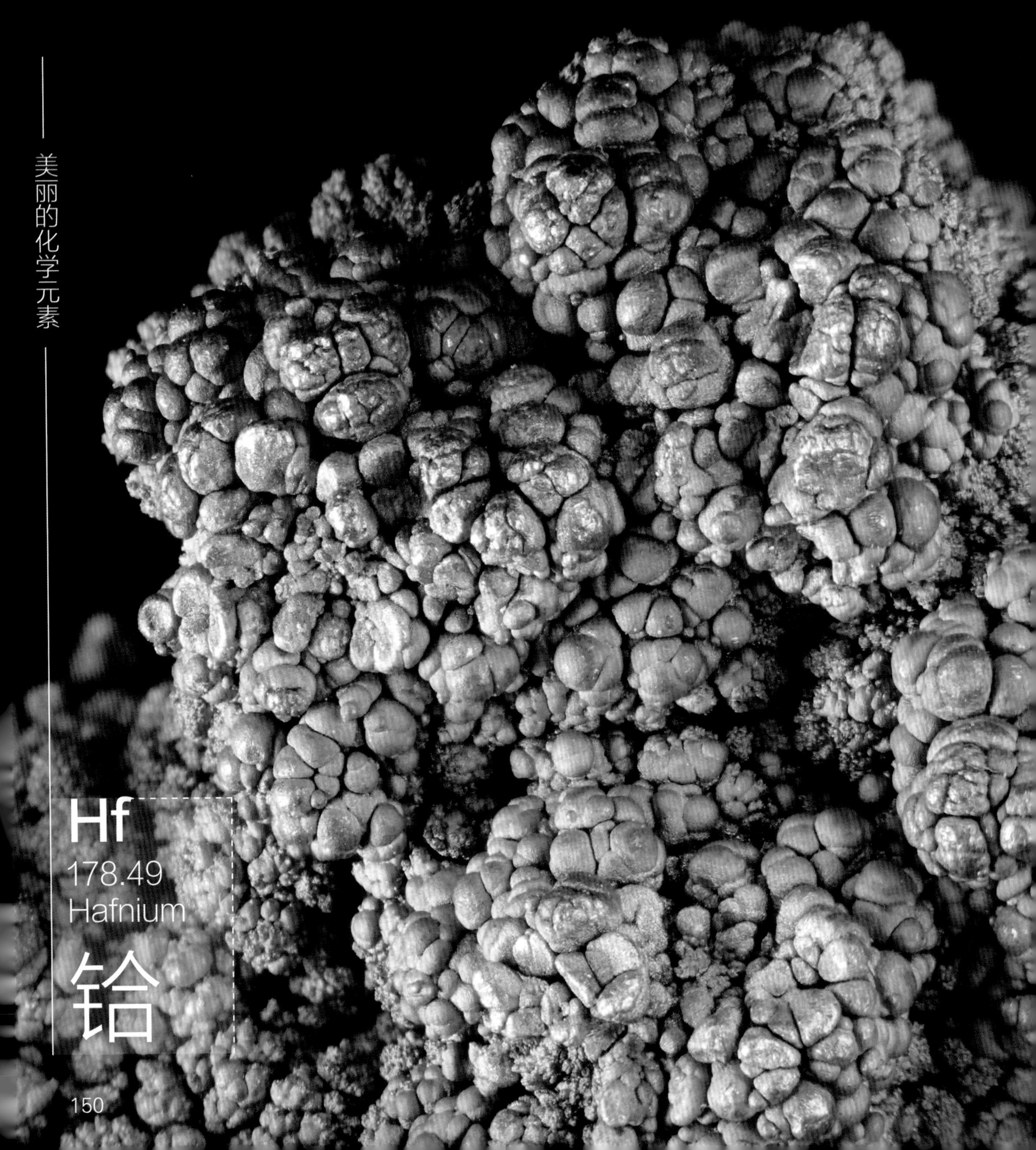

Hf

178.49

Hafnium

铪

由于镧系元素共同具有的镧系收缩效应，到铪这里的时候，它的原子半径已经收缩到和上一周期中处于相同位置的锆（40）大致一样了。因此，锆和铪的化学性质极为相似，这两种元素的不同之处屈指可数，在形成化合物时的表现也基本一样。这导致了锆和铪的分离十分困难，同时也导致了铪这种丰度并不低的元素长期"躲藏"在含锆的矿石中，没有被人们发现[1]。

铪有着许多与锆相似的性质，但它也有截然不同的一面。锆是一种吸收热中子的能力非常弱的元素，可以用作核燃料的保护管。和锆完全相反，铪吸收中子的能力非常强。如果铪和锆混在一起，哪怕只有一点点铪，锆也会失去它原来的作用。和锆一样，铪也被用在核反应堆中，只不过是作为反应堆吸收中子的控制棒出现的。因此，寻找更简单的分离锆和铪的方法非常有意义。

铪的主业并不是和锆混在一起。铪的真正用途还是发挥它的独特性质：

在高温下，铪容易发射电子，也具有一定的稳定性。这就促使了等离子切割机的出现。顾名思义，它的工作原理是利用处于电离状态的高温气体去加热、切割物体，而关键之处在于用电弧使空气电离产生等离子体。铪能够在高温下使空气电离，同时具有一定的稳定性，因此它是制造切割机头部的材料的不二之选。

铪不光能够在高温环境中保持一定的惰性，它自身也是一种耐腐蚀的元素。当屡次提到"耐腐蚀"的时候，我们其实已经逐渐深入到过渡金属区域中了。它们个个身怀绝技，先让我们转头来看看下一种元素钒（23）。

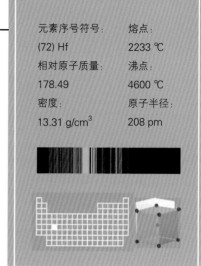

元素序号符号：	熔点：
(72) Hf	2233 ℃
相对原子质量：	沸点：
178.49	4600 ℃
密度：	原子半径：
13.31 g/cm³	208 pm

▶ 通过碘化物热分解法制得的一根铪结晶棒。虽然它并不粗，但是由于铪的高密度，它有着很好的手感。除此之外，它的表面上的细腻的结晶在光线的照射下十分漂亮。

◀ 一块结晶明显的铪晶体，来自一根很粗的结晶棒。铪的密度和价格都比较高，因此粗一些的结晶棒非常昂贵。

◀ ▲ 一块海绵状铪，具有树枝状结构。这样的铪是通过电解精炼制得的。在分离提纯铪的化合物之后，往往可以通过这种方式快捷地获得金属铪。显微摄影画面的实际宽度约为 16 毫米。

▲ 一块经熔炼得到的铪锭，缓慢冷却的表面在空气的作用下形成了彩色的结晶纹路。

▶ 铪结晶棒的底部会呈 V 形，这是由内部电热丝的形状决定的。

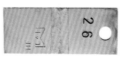

▲ 一片可能是用来测试腐蚀环境的纯金属铪片。

[1]1923 年，匈牙利化学家赫维西和丹麦物理学家科斯特对多种含锆矿石进行了 X 射线光谱分析，最终发现了铪。和周围的其他元素相比，铪被发现的时间很晚。

V

50.9415
Vanadium

钒

钒的化合价态并不是最多的，但是每种不同价态的离子都有不同的颜色，拥有多彩的化合物就是钒的一大特点。比如，VO_2^+是黄色，VO^{2+}是蓝色，V^{3+}是绿色，V^{2+}是紫色。这些多彩的颜色缘于不同价态的钒离子对不同频率的光的吸收。在钒离子中，处在低能级的电子吸收某一波长的光向更高的能级跃迁，如果它吸收的光恰好在可见光区域内，那么它就会显示所吸收的光的颜色的互补色。比如，我们看到VO^{2+}离子的颜色是黄色，它实际上吸收的是蓝色和紫色的光。过渡金属元素的许多离子都具有这样的性质，而钒是其中最出众的一种。

在中学化学中，钒没有出现过多少次，而它的最高价氧化物五氧化二钒（V_2O_5）是我们最熟悉的化合物之一了。工业上生产硫酸（H_2SO_4）时使用的催化剂正是它。课本上是这么写的，没错吧？但是，实际上它并没有我们想象的那样简单。钒系催化剂的确是用接触法生产硫酸时应用最广泛的催化剂，但它的组分多种多样，很难用三言两语说清楚。目前工业上使用的钒系催化剂以钒和氧为活性组分，碱金属的硫酸盐为助催化剂，以硅藻土为载体，是一种多组分催化剂。为了解决实际生产中可能出现的各种问题，它的成分还可能会更复杂一些。总之，在用接触法制硫酸时仅仅用五氧化二钒作为催化剂是不可能的，而在课本里面也没有必要说这么多，因为对大多数人而言这并没有什么实际意义，难道不是吗？

钒既有美丽的一面，也有令学生头疼的一面。但是，对于一种你一辈子都可能见不到的元素，有机会多欣赏欣赏它那美丽的一面，不也是一件好事吗？钒的确很少见，我认为你不见一见下一种元素铌（41）也很可惜。

元素序号符号：	熔点：
(23) V	1910 ℃
相对原子质量：	沸点：
50.9415	3407 ℃
密度：	原子半径：
6.11 g/cm³	171 pm

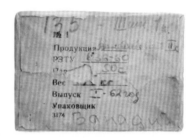

▲ 苏联于上个世纪 60 年代生产的一盒块状电解精炼钒，具有独特的外观，是古董级别的样品。

▲ 破碎的钒板，断面展现出了熔炼时形成的结晶颗粒。

◀ 通过水平区域熔炼法生产的多晶钒条，能够看到它的两侧连续熔炼的痕迹。

▲ 钒铅矿 [$Pb_5(VO_4)_3Cl$] 是一种美丽的红色矿石，也是钒的主要来源之一。

▶ 一块圆形钒饼，经过蚀刻暴露出了它的巨大结晶颗粒。

◀ ▲ 这不是一幅油画，也不是一坨凝固的颜料块，而是一块纯净的钒熔锭。熔化的钒在冷却时接触空气，形成了多彩的氧化膜。不过，这样美丽的样品并不多见，钒的氧化物的高度毒性和在高温下易挥发的特性使得这种样品的制作十分危险。显微摄影画面的实际宽度约为 5 毫米。

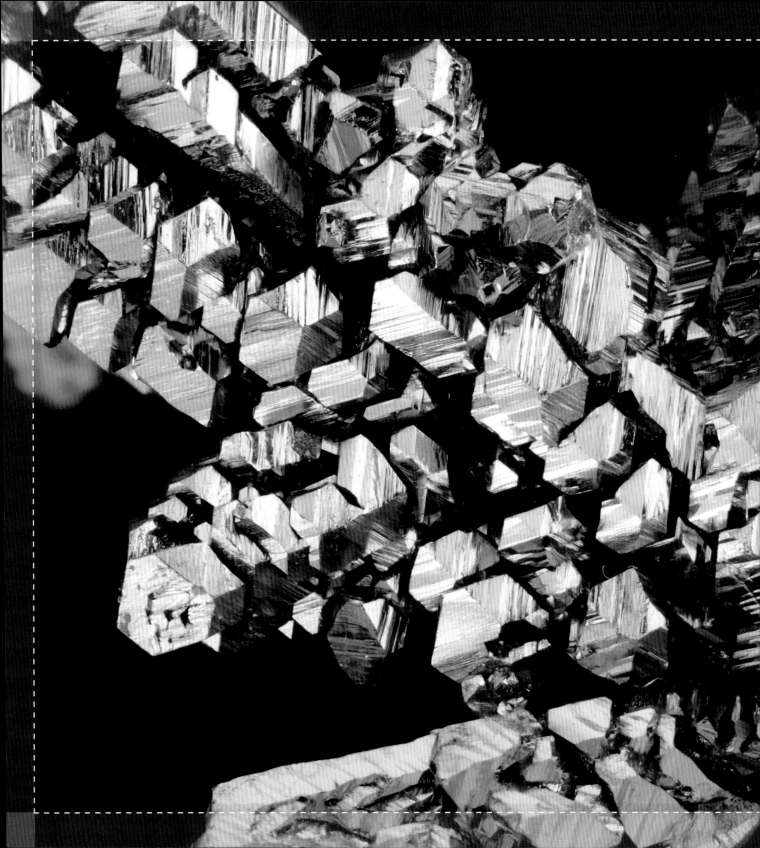

通过化合物获取单质的方法多种多样，因为大多数化合物中的金属元素处于失去电子的化合态，有些时候我们可以用更容易给出电子的物质（例如更活泼的金属）进行置换反应，有些时候可以让电流来帮忙——电解。

电解利用了金属盐溶液或者熔融化合物可以导电的性质，通过外加电源，让电流从正极出发，流动到负极。由于电流方向是电子移动的反方向，阴极上就会出现还原性氛围，电解质中的金属离子在这里得到电子（它们最容易被还原），重新变成金属原子并沉积。阳极则相反，那里发出电子，阳极材料会被氧化，变成离子进入电解质。

根据这个原理，就可以开发出电解精炼工艺：用刚刚生产出来的、不是那么纯净的单质制作阳极材料，通过电解，让这种金属在阴极上沉积。由于不同元素从单质变成离子、再从离子变回单质的难易程度不同，因此它们会以不同次序进入反应体系，或者干脆不会进入。经过这样的操作，金属材料的纯度就会得到提升。现在的金属钒普遍通过这种方式提纯，得到的树枝状结晶是最常见的钒原料。

有趣的是，钒暴露在潮湿的空气中时会被氧化。和铋（83）一样，它的氧化物的表面也会变成彩色，最终变成黄褐色。不过钒清洗起来要简单得多。在开水里沸煮一段时间，它的表面就会变回原来的淡蓝色。

▲ 簇状电解钒晶体，是常见的钒原料，也是我最早获得的钒元素样品之一。这种晶体的颗粒较为细碎且结合得十分脆弱，在清洗、擦拭的时候一不小心，它就很容易破碎。

◄ 另一块通过电解法生产的钒结晶，其表面的大颗粒结晶的轮廓十分明显，经过热水的清洗展现出了钒美丽的淡蓝色光泽。显微摄影画面的实际宽度约为 8 毫米。

Nb
92.90637
Niobium

铌

铌是一种淡黄色的耐腐蚀金属，经常被用于铸造纪念币和投资，从而活跃在大家的眼前。你可以买到一些银行铸造的几十至上百克的铌条，尽管它不是贵金属。不过有一点，铌的表现比贵金属好：在发生阳极氧化[1]的时候，根据电压高低的不同，铌的表面会形成不同厚度的氧化膜，对光线产生不同程度的偏折，从而出现从粉红色到蓝紫色的不同颜色。当你想给一种金属添加上某种颜色而又想保持它原有的光泽时，这样做再合适不过了，而铌的效果最出众。这就不难解释为什么一些铌制品会有多种多样的颜色了。

铌即使没有被彩色的氧化层覆盖，它也是一种美丽的金属。它的光泽既不闪耀也不暗淡，给人一种看上去很舒服的感觉。铌的外表让人赏心悦目，人体也很少对铌制品产生排斥或者过敏，因此纯铌也会用来制作一些首饰，以及一些需要植入人体内的医疗器具。

不过，铌的主要用处可不是用来制作取悦人们的饰品和投资。它真正应该展露出的那一面是作为一种耐腐蚀的金属，被用在许多条件苛刻的环境中。纯净的铌在室温下非常稳定，而且具有一定的可塑性。它可以通过机械加工制成不同形状的零件，或者通过溅镀方式在需要被保护的物体上覆盖一层金属薄膜，从而起到保护作用。但在温度升高之后，铌会变得非常活泼，并和空气中的氧气发生反应，致密的氧化膜会变成疏松多孔的氧化物，不能再保护内部的金属。铌单质不耐高温，而铌的一些合金可以在高温环境中稳定地工作。我们可以让位于它下面的元素钽（73）来搭一把手。

元素序号符号：	熔点：
(41) Nb	2477 ℃
相对原子质量：	沸点：
92.90637	4741 ℃
密度：	原子半径：
8.57 g/cm³	198 pm

◀ 经过熔炼的铌材料，表面有冷却时形成的结晶纹路。

▶ 用粉末冶金方式制作的铌条，从中间熔断。

◀ 一根被切断的区域熔炼铌棒。

▲ 一颗通过熔炼制作的铌熔珠。和其他熔珠一样，它的多彩的颜色缘于带有余温的金属被空气氧化。

▶ 使用过的铌溅射靶，使用时的损耗在它的表面产生了凹陷，从而暴露出了它在高温环境下长时间使用而形成的结晶颗粒。通过离子流"蚀刻"金属材料是一种好办法，只不过这个样品受到的蚀刻并不是那么均匀。

◀◀ 一罐美丽的铌结晶，是通过电解精炼法得到的。铌结晶的外观多种多样，有的呈鱼骨状，有的呈簇状。显微摄影画面的实际宽度约为 8 毫米。

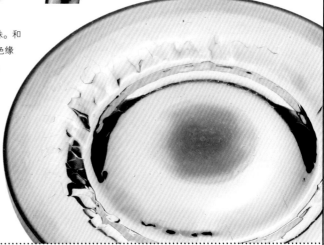

[1] 阳极氧化是指金属或合金在相应的电解液中和特定的条件下，采用电解方式在其表面形成氧化物薄膜的过程。这是一种常见的表面处理技术。

除了圆形靶材，往往还有一些其他形状的溅镀靶材，它们的使用方式和圆形的一样。图中展示的这个样品或许也是一种铌靶材，来自一根长条状的切段。它的提供者没有告诉我任何有价值的信息，而这也只是我的猜测。它的表面有被消耗的痕迹，我们仔细观察时还能发现结晶纹路——只有在高温下长时间工作并被消耗才会让金属展现出这样的结晶颗粒。高温环境使金属重结晶形成的大颗粒晶体经过消耗才会暴露出来。不得不说，在显微镜下观察它还是很有趣的。

我判断它是溅射靶材的原因是我从它的背后刮下了一层较软的金属。这层柔软的金属一般是铟（49），可以作为一种导电的、牢固的"金属胶水"连接靶材和基衬，增强其电导性和热导性，提高强度。

◀▲ 一根可能用作溅射靶材的铌条，它的外表指向了这种用途。显微摄影画面的实际宽度约为 6 毫米。

铌在室温下的稳定性非常高，但是在加热的时候会变得非常活泼，能够和氮（7）、氧（8）发生反应。

常见的致密金属材料都是通过熔炼得到的。经过适当的处理，这样的材料都会具有很高的致密度和优良的性能，但是加工成本比较高。相对来讲，简单一点的方法是粉末烧结，从而得到内部含有气孔的多晶材料，再进行锻压，使其变得致密。当然，在烧结过程中可能会受到一些杂质气体的干扰，从而导致最终的材料质量没有那么好。通过破碎烧结的材料，我们能够观察到里面的结晶颗粒。

但这并不影响样品生产商宣称它们具有较高的纯度。当应用在不同领域中的时候，人们关心的杂质不同。因此，尽管这种材料中溶解了一些气体，但是它的金属部分还是比较纯净的。

▶ ▲ 一块经烧结制作的铌金属，制作过程中杂质气体的干扰让它变得很脆，在破碎时会展现结晶。显微摄影画面的实际宽度约为13毫米。

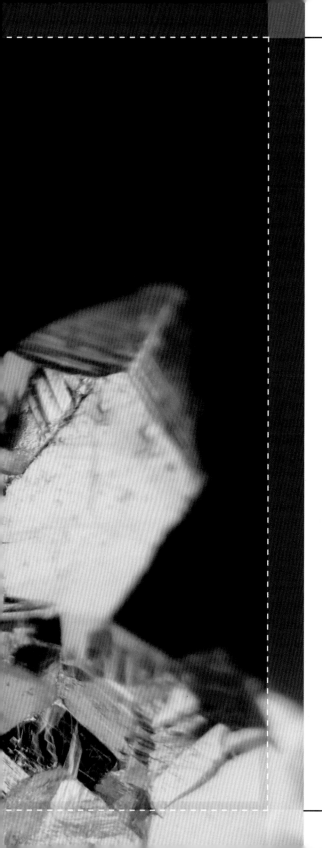

除了前面介绍的钒结晶，电解精炼法也曾经用来生产、提纯金属铌。不像刚才见到的树枝状结晶，所得到的产物是带状的结晶条，在其末端的两侧长有美丽的晶体。显然，这样的产物给人的印象更深刻。

那么，这样的结晶是在什么环境下生长出来的呢？首先，含有杂质的粗铌被浸在含有电解质的大桶中充当阳极，然后电解熔融金属卤化物的混合物，在阴极上就会缓慢地沉积出纯金属。这样的金属铌的表面往往不会很好看，因为它们的外观取决于许多因素，如电流密度、电解液成分、温度等。把这种样品从工厂中带出来的人告诉我，或许是这些因素的差异导致了产物外观的

不同，其中90%以上都是粗糙的沉积物，5%能够看得过去，只有不到2%有着美丽的结晶。这种工艺专门设计用来提纯金属铌，效率很低，成本很高，因此在上个世纪80年代用来制造过一批纯净金属铌之后就销声匿迹了。

有趣的是，这根晶体条曾多次易主。通过这个样品，我认识了许多对我有很大帮助的国外同好。单单这个样品就把他们串联了起来，你可以在最后的致谢中看到他们的名字。它的价格并不低，我在上中学的时候花了320美元将它购入，不过通过它，我知道了这类样品背后的故事，也认识了许多值得认识的人——很划算的交易。

◀ 另一根一半被区域熔炼过的铌晶体条，可能要用于后续的纯度分析。这表明这种晶体实际上也是一种测试品。

◀ ▲ 苏联的工厂通过电解熔融盐法生产的一根铌晶体条，末端长满了让人印象深刻的美丽结晶。正是这种美丽的外观使得这些晶体被工作人员保留了下来，而不是被用掉。显微摄影画面的实际宽度约为8毫米。

Ta

180.94788
Tantalum

钽

钽具有所有金属中最暗的光泽，无论是通过打磨抛光还是经过酸洗，它的表面一直带有一抹挥之不去的紫灰色，因此它很难被人记住，就算我们每天都会接触它。

当然，我们并不能因为灰暗的颜色而去怪罪钽，实际上许多金属的颜色都是灰暗的，因此用银白色概括除具有独特颜色的金（79）、铜（29）、铯（55）（三者分别呈金黄色、紫红色和金黄色）以外的元素单质的颜色是远远不够的。这个问题不在我们讨论的范畴之内，在铯那里我已经说过一部分原因了。

让人欣慰的是，钽并非一无是处。相反，它的用途说得上广泛。结构决定性质，性质决定用途，我们又回到了这条不变的真理上了。钽具有非常高的熔点，这和它的结构有着紧密的关系。过渡元素单质形成的金属键的强度很高，金属键的强度在某一区域内和相对原子质量正相关。金属钽经常被加工成具有凹槽的、被称为"舟"的加热器具，用来熔化、烧结一些粉末。熔化钽的时候怎么办？答案是用熔点更高的物质制作容器，那么这种熔点更高的物质是怎么被熔化的呢？沿着这条路一直走下去，你会找到人类已知的熔点最高的物质——五碳四钽铪（Ta_4HfC_5），它的里面也含有钽。

钽作为"舟"并不完全是因为它具有不低的熔点（它的价格比熔点比它高的钨还要高），关键在于钽具有一定的耐腐蚀性。一开始，人们发现钽具有耐腐蚀性，是因为它的表面会生成一层致密的氧化物薄膜（钽看上去略带紫灰色

并不完全是因为这个），在许多化学反应中保持了一定的惰性（单纯的金属钽相对而言具有一定的活性）。抛开作为一种耐腐蚀材料来讲，钽还具有神奇的生物作用——生命体不会排斥它。

试想一下，当动物的体内被植入了一个外来物体时，生物体内的免疫系统会识别出这个外来物体并不属于这个生物体本身，于是组织细胞就会有针对性地攻击它，比如分泌胶原蛋白将其包裹，然后排出体外。这对医学上的移植非常不利，然而偏偏有几种金属能够"骗"过细胞，使细胞在它们的上面生长而不会察觉到异样。前面说到的钛（22）几乎所有人都熟悉，不过眼下的钽也是这类金属之一，用钽制作的移植体已经得到了广泛应用。由于人体几乎不会对钽过敏，钽也用于制作易用的缝合线和手术器具（不过仍有几例罕见的过敏报告）。

近代发明的任何一种电子产品都使用了钽，其原因再简单不过了——看似不起眼的电容几乎都使用了钽。你看不见它是因为它在元器件的内部发挥作用，但是对于铬（24）来说，它是在东西的外部发挥作用，使大家都能看到它。

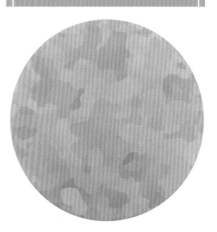

▲ 一块具有金相结构的大钽饼，十分沉重。

▼ 一盒古老的钽丝。由于钽可以亲和人体而不被排斥，它可以用来缝合肌腱等组织。

▶ 在高温环境中沉积形成的钽片，表面有瘤状凸起。

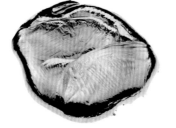

▶ 一块钽板，上面的痕迹表明它是从离子泵上拆卸下来的一个部件。

◀ ▶ 一块钽熔锭，其表面展现出了冷却时自然收缩而形成的树枝状结晶纹路。显微摄影画面的实际宽度约为 16 毫米。

Cr
51.9961
Chromium

铬

一提起电镀，我们首先想到的就是闪烁着耀眼光芒的各种银白色物件。不管是金属还是塑料，我们通过电镀都可以在它们的上面附着一层闪亮的金属。铬作为一种便宜、耐腐蚀且坚硬的材料，基本上专门用在电镀工业中。让人欣慰的是，电镀并不存在那么多的商业诈骗，因为没人会用价格更高的铑（45）或者银（47）去电镀乐高玩具，从而让它们看起来更亮。（这里不得不多说一句，绝大多数乐高零件上镀的都是铬，但是也有个别例外。据我所知，至少有两个人仔上镀的是14K金，它们具有特别的纪念意义。）当你再看到一个闪亮的银白色普通电镀物件的时候，不用怀疑了，其表面的金属就是铬，没有人会花费更高的代价去骗人。

作为一种过渡金属，铬的一些化合物具有不同的颜色，比如翠绿色的三氧化二铬（Cr_2O_3）。三氧化二铬就是我们常说的铬绿颜料的主要成分。橙红色的重铬酸钾（$K_2Cr_2O_7$）在被酸化之后是一种十分高效的氧化剂，是铬酸洗液

的主要成分。铬的化合物十分常见，而含有铬的合金也是多种多样。

不锈钢被广泛地用在我们的生活中。我们知道铁（26）在潮湿的空气中会生锈，但是当它的里面掺入一些其他金属[比如铬或者镍（28）]之后，就会形成一种比较耐腐蚀的合金——不锈钢。从你吃饭用的勺子到楼梯扶手，不锈钢的应用范围很广。经常暴露在潮湿的空气中时，普通的铁会被腐蚀，所以不锈钢是一种成本低廉且能胜任这些用途的材料。对于钼（42）来说，它也可以在工业中单凭自己打拼出一片天地。

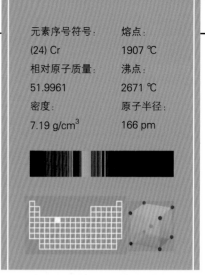

元素序号符号：	熔点：
(24) Cr	1907 ℃
相对原子质量：	沸点：
51.9961	2671 ℃
密度：	原子半径：
7.19 g/cm³	166 pm

▲ 铬溅射靶碎块，其表面清晰地展示了它在使用过程中形成的巨大结晶颗粒。

▲ 这盒乐高玩具的卖点是一个镀铬零件。

◀ 通过区域熔炼法提纯得到的铬结晶棒，其表面用记号笔标明了晶粒边界。

▼ 一盒涂层使用了二氧化铬（CrO_2）的磁带，商家宣称它在使用过程中的摩擦更小，还可以清洁针头。

◀ 由铬粉压制的原料结块，看上去像一块饼干。

▶ 最普通的铬原料碎块都有着动人的银白色光泽。

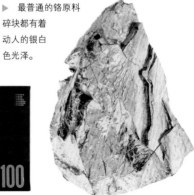

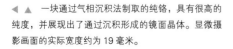

◀ ▲ 一块通过气相沉积法制取的纯铬，具有很高的纯度，并展现出了通过沉积形成的镜面晶体。显微摄影画面的实际宽度约为 19 毫米。

我们在前面看到了通过气相沉积法得到的铬结晶簇，这实际上是生产纯净金属铬的一种方法，还有一种方法是电解。

通过电解法提纯金属铬已实现规模化生产，产品外观非常多样，如片状、瘤状以及美丽的结晶。和电镀的原理相同，工厂可以通过电化学沉积得到片状电解铬，这是很常见的纯铬样本。相对而言，我们很难找到关于通过电解法生产铬结晶的资料，甚至不知道它们是在水溶液里面还是在熔融化合物里面进行电解的。我们唯一知道的是它们是通过缓慢沉积得到的，沉积的速度越慢，结晶的颗粒就越大。这是一成不变的规律，我们从这本书的一开始就明白这个道理。

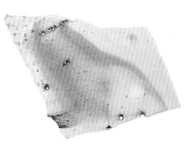

▲ 通过电解法批量提纯生产的金属铬片，其表面有着细微的金相结构。

▼ 最近几年，中国的一家工厂尝试用电解熔融盐的方法提纯金属铬，但这仅仅是对工艺的测试，在生产过程中得到了一些表面被氧化发绿的鱼骨状结晶。

◀ ▲ 一些通过电解法得到的金属铬结晶，卖家把它们装在了一个展示盒里。这些晶体的外形不同，有片状、针状以及八面体。显微摄影画面的实际宽度约为 19 毫米。

Mo
95.95
Molybdenum

钼

有意思的是，钼在潮湿的空气中就会被氧化，生成暗淡的氧化层。这层氧化物可以用热碱液清洗掉。在高温下，钼也会被氧化，不过它能保持一定的强度，当灼烧钢钉和钼钉的时候，钢钉会很快熔化，而钼钉能在不断挥发生成的氧化物的同时保持原来的形状，是不是有点滑稽？

钼是一种生物必需的微量元素。有一个很有趣的故事：曾经有一个金属矿，其旁边的土地几乎寸草不生，除了上下班的工人"踩"出来的一条路上长了许多草。这显然不符合逻辑。于是，当地人就从那里取土壤样本进行分析，发现那里的土壤除了钼含量比不长草的土地要高以外，几乎没有任何不同。上下班的工人的鞋子携带的含有钼的粉尘渗入了土壤中，使植物得以生长。虽然这个故事不易考证，但它的科学性是说得通的。没有钼，植物很难生存。对于动物来说，钼也是一种不可或缺的元素。

在动物体内，钼是多种酶的组成成分，而且是7种微量元素中唯一处于第五周期的金属元素。它周围的元素被摄入人体内后或多或少会产生一些影响，钼也是如此，差别在于适量的钼能够帮助我们的身体维持健康，而其他的元素则不是。

单质态的金属钼有棒状、板状、片状、碟状和丝状等形状，它们都用在高温炉的电热元件中——在工作的时候要保证没有受到氧气（O_2）的干扰。纯钼在工业中如此广泛的用途导致它有多种多样的单质流向了市场，因此你会发现许多形状不同的纯钼制品，甚至可以购买到用纯钼制作的纪念币。除此以外，钼还有一种低调的用途：用作灯泡灯丝的支架，在高温下提供足够的强度以支撑发热的灯丝，而灯丝最常用的材料是钨（74）。

元素序号符号：	熔点：
(42) Mo	2622 ℃
相对原子质量：	沸点：
95.95	4639 ℃
密度：	原子半径：
10.28 g/cm³	190 pm

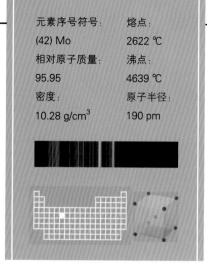

◄ 钼能够给玻璃带来美丽的淡蓝色。

◄ 一根经过手工仔细抛光的钼棒。

▼ 条状的钼烧结原料。

▲ 颗粒状钼，由于长期暴露在空气中，它们的表面已经因氧化而明显变暗。

▶ 来自一根单晶钼顶端的切段，有着厚实的手感。这样的单晶材料是通过提拉法得到的。

▶ 钼是人体必需的一种微量元素，因此理所当然会有补充钼的保健品。

◄ ▲ 一块破碎的熔炼钼，有着沉甸甸的手感，断面处能够展示结晶纹路和晶体断裂破碎的痕迹。显微摄影画面的实际宽度约为 16 毫米。

W

183.84
Tungsten

钨

钨是熔点最高的金属元素，也是一种耐腐蚀材料。纯净的金属钨的表面呈钢灰色，略带淡黄色。如果长时间暴露在空气中，它的表面会生成灰色氧化物。等等，钨不是一种耐腐蚀的金属吗？这两句话都没错，二者之间没有冲突。钨是一种耐酸腐蚀的金属，但会被潮湿的空气和熔融的碱腐蚀。从此，我们需要明确一条规则，在谈到腐蚀的时候要标明介质，这样最好不过了。

我们完全没有必要把事态搞得如此紧张，只需要知道钨是一种可爱的、具有一定耐腐蚀性的金属就好了。人们对钨的了解可不仅仅局限于此，因为很多人最早接触钨的时候基本上都是通过白炽灯。

我们应该感到庆幸，因为能够读懂这段文字的人都曾接触白炽灯（再过几年可能就不是了）。这种照明灯具采用一段电阻比较大的钨丝作为灯丝，电流在通过它的时候会产生不少热量，能够使这段钨丝被加热到很高的温度，从而发出耀眼的光芒。钨作为制造灯丝的材料，原因有二：其一是它在高温下能够保持足够的强度，其二是它在高温下发出的光谱接近日光。

遗憾的是，白炽灯消耗的能量的确不少，其中绝大多数都以热量的形式散发掉了，而以光的形式消耗的能量仅占总能耗的5%。尽管白炽灯存在缺陷，人们却也不得不接受它，并将其沿用了近250年，因为人们以前找不到比它更高效、更廉价的照明光源了。后来出现的LED光源和荧光灯逐渐取代了白炽灯，它渐渐淡出人们的视野。或许"小黄灯，书桌前，细数有心人情泪"这样的场景仅仅存在于上个世纪的作品中了吧[1]。时间过得好快，这一章就要结束了。

元素序号符号：
(74) W
相对原子质量：
183.84
密度：
19.25 g/cm³

熔点：
3414 ℃
沸点：
5555 ℃
原子半径：
193 pm

◀ ▲ 一根钨棒，在高温环境下，表面沉积了鳞片状结晶。显微摄影画面的实际宽度约为 6 毫米。

▼ 通过在高温下还原六氟化钨（WF₆）沉积得到的结晶片，其表面的结晶纹路在光线的照射下十分漂亮。

▲ 经熔炼得到的金属钨，其表面有美丽的光泽。

▶ 短弧灯上下两端的金属电极就是用纯钨制作的。

▼ 用在真空镀膜加热设备中的钨绞丝，漏斗状凹槽用来放置盛放加热材料的坩埚。

▲ 通过区域熔炼法提纯制作的单晶钨。

[1] 出自张雨生（1966 — 1997）于 1994 年所制作的专辑《卡拉 OK·台北·我》中收录的歌曲《这一年这一夜》。歌词中的"小黄灯"即为当时照明用的钨丝白炽灯。

171

第6章 我们身边的货币金属

在这一章中,我们继续介绍副族元素,但是其中少了两种元素:锝(43)和汞(80)。如果硬要在副族元素这个可爱的大框框中挑出一些缺陷,那就是处于其中间的锝是一种放射性元素。锝没有稳定的核素,而汞也十分独特。汞在室温下是一种液体,但如果被冷冻起来,它也是一种硬邦邦的、有延展性的金属,不过这对于制作和保存适合拍摄的固态汞样品来说就十分困难了。所以,我把这两种元素放到了本书的最后一章中。

剩下的铜副族元素则是十分受人瞩目的一族。在货币发明之后,人们用过许多种材料制造货币,其中包括金属。历史上记载的应用最广泛的造币金属有三种,它们是金(79)、银(47)和铜(29)。这三种元素恰好属于同一副族。这绝对不是巧合,因为这些元素一定有着一些共同的性质。比如,它们的化学性质都比较稳定,可以纯度较高的单质存在于矿物中,这无疑降低了开采的难度;它们的色彩让人印象深刻,铜和金的色调让人过目难忘,而银又是反射光线的能力最强的金属;它们的熔点和硬度比较低,容易被重新加工和塑形。种种优点使得它们从人类文明一出现就一直伴随其发展,时至今日,它们在越来越多的领域发挥着关键作用。

锰副族元素和锌副族元素并非一无是处,只是没有那么明显的长处。它们也经常出现在我们的日常生活中,只不过很少有人留意它们的存在。

扫描二维码,观看本章中部分
元素样品的旋转视频。

錳 Manganese
54.938
25

Mn

铼 Rhenium
186.207
75
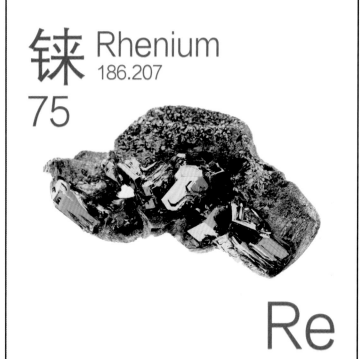
Re

铜 Copper
63.546
29
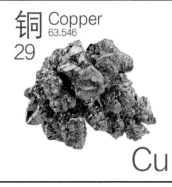
Cu

银 Silver
107.868
47

Ag

金 Gold
196.967
79

Au

锌 Zinc
65.38
30

Zn

镉 Cadmium
112.414
48

Cd

Mn
54.938044
Manganese

锰

锰钢是一种能承受高强度冲击的材料，能够在恶劣的环境中工作，比如说用于制造挖掘机（我是认真的哦）。锰绝大多数是以合金的形式被使用的，只有极少的一点点锰单质以电解生产的金属片的形式出现在大众的眼前。天哪，它们原来是棕褐色碎片。

如果你的运气好一点，你就可以见到一些纯度不是特别高（一般在97%左右，当然也有更高的）的锰块，它们基本上是锰单质在被制成合金前所存在的唯一形态了。这些锰的碎块表面看上去更光滑一些，淡黄色光泽很明显。

说真的，锰的纯净单质的用途很少，而它的化合物高锰酸钾（$KMnO_4$）和二氧化锰（MnO_2）分别是中学教材中经常出现的氧化剂和催化剂。锰有很多可变的价态，而且是第一种最高化合价可以达到+7价的过渡金属。+7价的锰是非常强的氧化剂，这和它的电子排布方式有关。

锰有一种十分有名的矿石，那就是软锰矿，它的主要成分是二氧化锰，在很早以前就被人们发现并利用。锰元素也是从软锰矿中发现的。瑞典的矿物学家甘恩[1]把软锰矿和木炭（C）在坩埚中混合加热，还原出了锰的单质。值得一提的是，瑞典化学家舍勒[2]在混合软锰矿和盐酸（HCl）的时候，制取出了氯气（Cl_2）。虽然舍勒没有肯定自己又获得了一种新的元素单质，但是软锰矿在元素发现史上的确扮演了一个很有意思的角色。

锰元素一直伴随着人类文明的发展，早在17000年前就被古人用来制作壁画的颜料了。和锰相比，下一种元素铼（75）被人们使用的历史就没有这么悠久了，它的发现距今不到100年。

元素序号符号：	熔点：
(25) Mn	1246 ℃
相对原子质量：	沸点：
54.938044	2061 ℃
密度：	原子半径：
7.47 g/cm³	161 pm

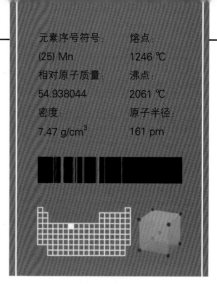

▲ 锰钢十分坚韧，经常用来制作刀具等野外生存用品，例如这把锰钢铲。

▲ 一大块锰原料，非常便宜。

◀▲ 保存在石英罩里的锰晶簇，我们可以观察到没有被氧化的锰的表面非常明亮。显微摄影画面的实际宽度约为 19 毫米。

◀ 一块通过真空熔炼制作的锰，它的纯度比普通的锰样品高，银白色表面十分光亮。

▶ 比较为光亮的电解锰片，被保存在玻璃瓶里面，以减少和外部空气的接触。

◀ 软锰矿是一种深黑色矿石，其主要成分为二氧化锰。这块软锰矿是和方解石（$CaCO_3$）共生的。

[1] 约翰·甘恩（1745 — 1818），瑞典化学家、冶金学家。他的主要贡献是于 1774 年首次分离出了单质锰。
[2] 卡尔·威廉·席勒（1742 — 1786），瑞典属波美拉尼亚药剂师及化学家，首先制得了氧气和氯气。

Re
186.207
Rhenium

铼

铼是一种名副其实的稀有元素，在地壳中的含量非常低，我们一般认为它仅高于一些放射性元素。铼在地壳内极为分散，几乎没有独立的矿藏，经常和钼（42）共生在一起。不仅是在地壳中，铼在宇宙中也极为稀少。人们通过观察太阳的吸收谱也无法确定太阳是否含有铼。即使有，它的含量也会和太阳中含量最多的氢（1）相差12个数量级。而对于各种陨石样品和来自其他星球的岩石样品（比如月球上的火山岩）来说，铼的含量就更少了。

好像扯得太远了，我们所面对的应该是从地壳中寻找铼，而不是放眼整个宇宙。正因为铼在地壳中实在太稀少，太分散了，铼的发现很晚，它是人们发现的最后一种稳定的元素。但是，这句话不能说得很绝对，如果不是因为一个小差错的话，情况可能就会有所改观。

门捷列夫在19世纪末期创造了元素周期表，这张元素周期表不仅系统地对已知元素进行了分类，还预测了许多可能存在而在当时没有被人们发现的元素。一个个例子证明了元素周期律的正确性。人们很快就发现，25号元素锰的下面还是一片空白，质子数分别为43和75的两种元素没有被人们发现。于是，人们就开始寻找质量较轻一些的43号元素。急于求成的科学家把他们能够找到的所有"可能的样品"发表了出来。事实上，它们都是错误的。其中一份报告与众不同，这份在1908发表的报告的发表者小川正孝[1]在方钍石矿物中发现了一种性质和锰（25）类似且能够形成+7价化合物的过渡元素。于是，

他把这种元素以自己的祖国日本命名为"Nipponium"，并把它放在了43号元素的位置。遗憾的是，他的发现被证明是错误的。人们在2004年重新检测小川正孝保留下的样本时，惊讶地发现他曾经得到的"Nipponium"实际上是铼。小川正孝的确发现了一种新元素，但很可惜，他在最后一步出了差错。如果没有这点差错的话，铼的发现将会提前20多年。然而科学容不得一丝马虎，小川正孝犯下的错误被后人多次提及，令人感慨。好在2016年日本理化学研究所将其发现的第113号元素命名为"Nihonium"，完成了小川正孝的心愿。

但情况并没有想象的那么好，最终在1925年，三位科学家用X光谱发现了矿石中的铼。直到1928年，人们才分离出地球上第一份纯净的金属铼。没错，这份样品只有1克，但是它是从近600吨矿石中提取出来的。利用这1克铼，科学家测定了许多和铼有关的数据，使得这种元素不再那么神秘——但仍然毫无用途。可惜的是，尽管铼在某些领域中的作用发挥得非常出色，但限于它的储量，人们只能在迫不得已的时候使用铼。比如，仅仅一片就比一辆跑车要贵重的铼单晶合金叶片被用在追求完美性能的战斗机中，当然也有许多其他不同的用途。这种坚硬而致密的钢灰色金属在今天成为了一种平凡一些的材料，人们能够从烟道灰中提取出铼，让它不再是那种可望而不可即的金属。但不论在什么时候，铜（29）都是人们触手可及的元素。

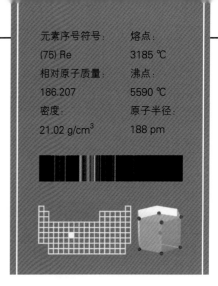

元素序号符号：	熔点：
(75) Re	3185 ℃
相对原子质量：	沸点：
186.207	5590 ℃
密度：	原子半径：
21.02 g/cm³	188 pm

▼ 巨大的金属铼熔锭。

▶ 一块形状比较奇特的区域熔炼铼。

◀ 在特殊环境中使用过的铼，形成了明显的晶粒。

▼ 使用铼点火器的旧式一次性摄影灯泡。

◀ ▶ 一块通过气相沉积法制备的钢灰色铼晶体，是相当罕见的样品，大颗粒结晶表面的镜面质感非常独特。显微摄影画面的实际宽度约为13毫米。

[1] 小川正孝（1865 — 1930），日本化学家，主要研究方钍石 [(Th,U)SiO₄] 的杂质成分。

Cu

63.546
Copper

铜

铜在人们心目中的地位是亘古不变的。从古至今，人们都会用铜及其合金制作首饰、钱币和其他物品。有趣的是，人们发现铜制品可以杀灭一些细菌和治疗某些疾病。比如，佩戴铜手镯可以治疗风湿，用铜制作的门把手不容易滋生细菌。这些说法没错，当铜接触汗液和空气的时候，它就会被氧化，形成少量的铜离子（Cu^{2+}）。这些铜离子可以附着在物体的表面，也可以渗进皮肤，起到杀菌消炎作用（当然，也有人对铜过敏）。

铜的颜色独特，它的导电性能也很好，仅次于导电性最好的银。因此，铜经常用来制作导电材料，比如物理实验中用到的导线，它的里面有一股很细且很漂亮的铜丝。或许这是我们第一次真正开始认识纯铜的方式吧。

铜的离子带有独特的蓝色，然而这不是指所有含有铜离子的物质都是淡蓝色的。比如，向硫酸铜（$CuSO_4$）溶液里加入氯化钠（NaCl）之后，溶液会变成绿色，这是由于氯离子（Cl^-）和铜离子生成的黄色四氯合铜离子[$(CuCl_4)^{2-}$]与蓝色四水合铜离子{$[Cu(H_2O)_4]^{2+}$}混合了在一起。

铜在很早以前就被人们认识了。在发现了铜之后，人们又发现把它制成合金，能进一步提升铜的性能，于是就有了黄铜、青铜等合金。时至今日，用青铜制作的摆件和黄铜五金零件时常出现在我们的生活当中。铜并没有很多特别的性能，虽然它做不到极致，但将多种优点集于一身，这已经很了不起了，难道不是吗？不过，对于银（47）来说，铜还不够出类拔萃。

元素序号符号：
(29) Cu
相对原子质量：
63.546
密度：
8.96 g/cm³
熔点：
1084.62 ℃
沸点：
2560 ℃
原子半径：
145 pm

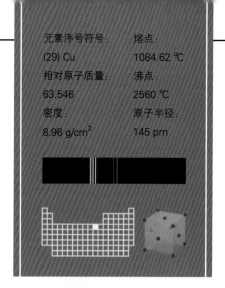

▲ 大自然中天然存在的金属铜，往往含有一些银、铁（26）等金属杂质，它们形成的"合金"反而更不容易生锈失去光泽。

▶ 一瓶古老的高纯度铜粉。

▲ 用纯铜制作的球体。

◀ 我刚开始收集化学元素样品的时候获得的第一个样品，来自实验室试剂的铜粉和导线里面的铜丝。这种元素在我们的日常生活中十分常见。

▲ 单晶铜切块，其表面有被氧化的痕迹。

◀ ▲ 通过在溶液中缓慢电解形成的铜沉积结晶结核，它的底部有从电极（照片中未展示）发散开来的树枝状纹路，表明了它生长的过程。显微摄影画面的实际宽度约为 19 毫米。

▶ 一块铜熔锭，冷却收缩时形成的凹陷处有细微的树枝状结晶。

179

铜是一种相对来讲比较稳定的金属元素，可以通过在水溶液中电解的方式进行精炼或者制作晶体（我会在下一页中进行详细介绍）。工业上的铜原料往往会掺杂一些金（79）、银等和铜矿伴生的贵金属元素，它们在电解的时候不会进入溶液中，而是沉积在阳极底部，变成阳极泥。阳极泥是一种很有价值的工业原料，可以进一步分离得到贵金属。电解既能够让铜材料的纯度得到提升，又能够分离得到一些有价值的副产品，一举两得。

在这一页中，我展示了许多通过电解精炼法得到的金属铜样品，不同的工厂和制作者在制作它们的时候会采用不同的条件，所形成的样品的外观也有所不同。这是很正常的现象。

▶ 工业上生产的电解铜板切块，其上有瘤状颗粒。

◀ 我在早些时候获得的一块电解铜结晶。

▲ 实验室中制作的珊瑚状电解铜结核。

◀ 核桃状的工业电解铜结核，其表面已经因严重氧化而变暗。

◀ 高纯度铜板切块，其表面有细碎的结晶颗粒，在被掰开的地方能够显示它们拼接的痕迹。显微摄影画面的实际宽度为 5 毫米。

专题五　电解结晶

在前面几页中，我展示了许多通过电解沉积得到的铜样品。根据不同的需求，制作每种结晶的环境都有所不同，但是它们的制作原理是一样的——电解。

浸泡在硫酸铜（$CuSO_4$）溶液里的铜电极不会有任何变化，但是在接入电源形成回路的时候，它们就构成了电解池。在电路中，电流从电源的正极流向负极，而电子则沿电流运动的反方向运动，从负极到正极。接在电源负极的电极会在通电的时候首先得到电子，溶液中的铜离子（Cu^{2+}）变成铜原子（Cu），从而离开溶液并沉积到电极上。而溶液中的离子能够传导电流，使得和电源正极连接的电极在外加电源的作用下失去电子，将铜原子氧化变成铜离子进入到溶液中，维持铜离子的浓度不变。

整个过程可以看作在电流的作用下把铜从一个电极转移到另一个电极。在这个过程当中，金属原先的结构会被破坏，然后在新的电极上重新生长，从而得到结晶。和其他结晶方法一样，这个过程越缓慢，所形成的结晶颗粒就会越大。这个过程究竟有多慢才好呢？答案是越慢越好，即电流越小越好。在几十毫安电流的作用下，经过一两个月的生长，就能够得到具有观赏性的铜结晶了。当然，记录这个缓慢过程的难度很大，不确定性因素太多。我在这里选择在短时间内快速制作一份样品。我使用的电流比较大，最后样品会由于过快的生长速度而形成更多的树枝状分形，而不是棱角分明的结晶颗粒。

实验步骤

1. 用铜块作为电解阳极，与电源正极连接；用铜丝作为电解阴极，与电源负极连接。

2. 将铜块、铜丝放入水槽内，加入硫酸铜溶液，并保证二者处于液面以下。

3. 接通电路，调整电流。

4. 电解完成后，断开电源，取出得到的结晶。

注意事项

操作时，请多检查电路连接情况，避免造成短路。硫酸铜具有轻微的毒性，因此我们应尽量避免人体与它接触。电解过程会消耗作为阳极的铜块，请注意阳极消耗情况，避免电路被阻断。

铜在潮湿的空气中十分容易锈蚀，因此在储存时应尽量使用密闭且干燥的容器。

实验试剂
1. 铜丝和铜块。
2. 硫酸铜溶液。

实验器材
1. 学生电源及导线。
2. 水槽/玻璃缸。

▶ 扫描二维码，浏览更多在线资源。

▶ 对页右侧的照片显示了依次间隔3小时的晶体生长情况，显微摄影画面的实际宽度约为13毫米；左侧为实验步骤。

▼ 实验用到的试剂和仪器。

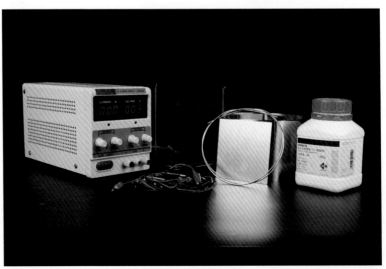

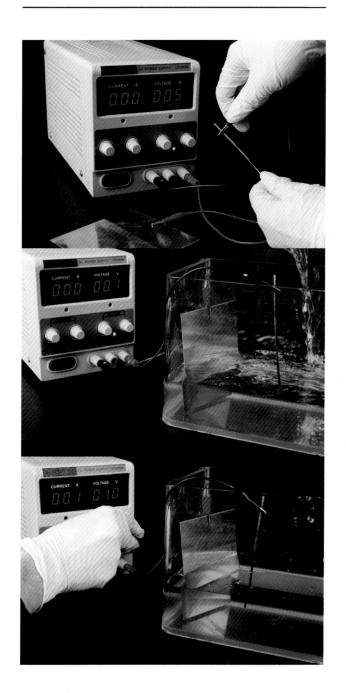

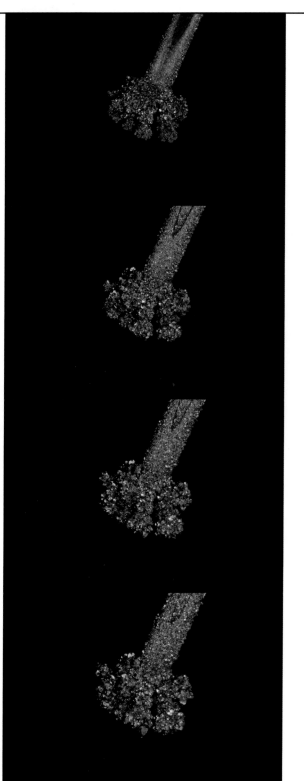

Ag
107.8682
Silver

银

银具有纯净的外表、温暖的光泽和细腻的质感，在刚刚被人类获得的时候就成功地引起了所有人的注意。银不仅在外表上占了便宜，它还夺得了三个金属之最：导电能力最强，导热能力最强，反射率最高。这种让其他元素望尘莫及的高度就这样被银轻而易举地达到了。

银的颜色光亮，质地柔软，容易熔化。这些性质使它注定成为了一种珠宝材料。很早以前，人们就用银来制造首饰、浇铸货币。我们从箱子里面翻出来的银首饰和小说中提到的碎银子无不表明银对于我们这几代人甚至古人以及中华传统文化的影响。不过，那些首饰是不是黑乎乎的，有点难看？嘿嘿，首先恭喜你，它们真的是银首饰。银看上去十分稳定，但它的确有薄弱之处——银怕硫（16）。空气经常含有工业上排放的二氧化硫（SO_2）和一些食物腐败时产生的硫化物，它们会以微乎其微的含量慢慢地侵蚀银的表面，产生硫化银（Ag_2S）并变暗。因此，千万不要因为银制品的外表发生了变化而怀疑它们的质地。不过，硫化银清除起来十分容易，比如用专门用于去除银表面的污渍的洗银水擦洗。

人们刚刚接触银的时候曾一致认为它是能够和金（79）媲美的金属。汉字"银"的右半部分"艮"表示极限的意思，意味着银是最接近金的金属了。银因诸多优良的性能而被用在许多方面。从科研用的反光银镜到银制餐具，再到暖水壶内胆上面的银层，银的用途十分广泛。无论是出于炫耀目的还是对特殊性能的要求，银依然活跃在我们的视线之中。从古至今，没有几种元素能够做到这样。哦，好了，银的故事真的很多，它已经脱离单纯的元素，成为了一种文化符号，萦绕在一代代人的心头，带给他们无数美好的幻想。金又何尝不是这样呢？

元素序号符号：　　熔点：
(47) Ag　　　　　961.78 ℃
相对原子质量：　　沸点：
107.8682　　　　2162 ℃
密度：　　　　　　原子半径：
10.49 g/cm³　　　165 pm

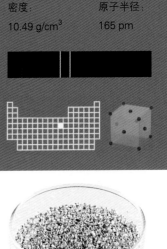

▲ 一些来自首饰店的颗粒状银原料，新鲜的表面非常光亮。

◀ 民国年间使用的一块银圆，凹陷处明显发黑，而凸起部分由于受到摩擦，色泽较为明亮。

▲ 10克重的银条，上面有熊猫图案，十分可爱。

▶ 经过简单熔化得到的银饼，它的表面已经发黄。

▲ 浸泡在甘油（$C_3H_8O_3$）中的银结晶。

▶ 长条状银原料，在熔化之后可以被加工成首饰。

▶ 长期暴露在空气中的银原料。

◀ ▲ 电解银结晶，大颗粒结晶的镜面和树枝状晶簇非常美丽。显微摄影画面的实际宽度约为 10 毫米。

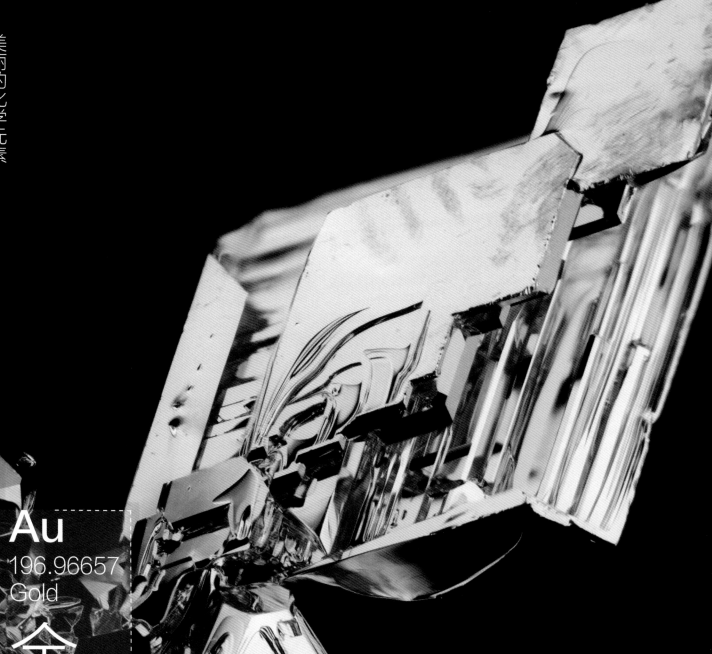

Au
196.96657
Gold

金

如果要选出一种最不平凡的金属，我想许多人的选择是金。没错，作为一种货真价实的贵金属，金凭借迷人的色泽和厚重的手感让无数人为之神魂颠倒。自从人们发现了金，它就成为了财富的象征。我们能够从无数文学作品和考古记录中看到金的身影，没有任何一种其他金属能够做到这一点。

当然，金能够在人类历史上一直兴盛不衰的原因很多，首先是它自身的性质。金是一种惰性金属，在空气和常见的酸液中几乎不会被腐蚀，因此它的独特色泽能够永久保持。这从无数出土的黄金制品中已经得到了印证，比如安静地躺在埃及博物馆里的、由10.23千克黄金制成的图坦卡蒙法老的面具[1]，它会永远闪亮。

遗憾的是这个面具遭到了一些"破坏"。工作人员不小心把面具的胡子碰掉了，而当他们手忙脚乱地试图用强力胶黏合和用尖锐物体去除胶痕的时候（他们用的是环氧树脂胶），在面具的表面留下了永久性的刮痕（这是在我写这段文字的3小时前发布的新闻，我也没想到能够看到这条消息）。正是因为黄金非常柔软，具有很好的可塑性，它才成为了制作首饰的首选金属。有时，人们还会向金中添加其他元素形成制作首饰的合金，例如"18k金""玫瑰金"。

但是，站在化学家的角度来看待金，我们就会把它当作一种普通金属，研究它的耐腐蚀能力以及化合物的性质。在研究耐腐蚀能力的时候，金就没有人们想象的那么稳定了。从古至今，人们已经找到了很多种可以腐蚀金的化学试剂，其中最著名的是王水。

王水是由浓硝酸（HNO_3）和浓盐酸（HCl）按照体积比1∶3混合而成的，它能够溶解金的原理是硝酸能够氧化金，使之成为+3价的金离子，但这个反应非常难以进行，只有把+3价的金离子用氯离子进行配位，降低金的电位，才能使之进一步溶解。这就是浓盐酸的作用。当然，除了酸液，金还能够受到许多熔融金属的腐蚀，形成合金或者化合物。这种化合物不同于我们平时定义的化合物，更确切地讲，它们叫作"金属间化合物"，是由两种金属元素组成的。这种物质能够形成的原因是金具有相对来说很大的电子亲和能，在保证足够稳定的同时，又具有和容易给出电子的金属抢夺电子的能力。

不管怎样，金在许多人的眼里还是那种神奇的黄色金属。它的存在让无数人的心中充满美好的念想。凭良心说话，下面出现的锌（30）会让你的期待从巅峰跌落到谷底。

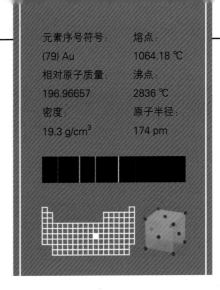

元素序号符号： (79) Au	熔点： 1064.18 ℃
相对原子质量： 196.96657	沸点： 2836 ℃
密度： 19.3 g/cm³	原子半径： 174 pm

▶ 通过酸洗蚀刻暴露出结晶颗粒的金熔珠。

▲ 由于黄金的性能十分稳定，不容易被氧化，因此许多电子元件都会用到它，比如这个芯片。

◀ ▶ 通过气相沉积法制作的金结晶，不论是色泽还是外观都极其吸引人。制作金结晶时用到了氯（17）。显微摄影画面的实际宽度为8毫米。

◀ 由纯金制作的纪念币。

▶ 金凭借良好的延展性，可以被轧制成厚度只有几百个原子的金箔，保存在羊皮纸上，以隔离静电。

[1] 这个黄金面具是埃及法老图坦卡蒙（约前1341—约前1323）死后佩戴的由纯金制成的面具，于1922年出土。

Zn

65.38
Zinc

锌

锌是最常见的金属元素之一，它和铝（13）一样，凭借着较低的价格和还能说得过去的性能被人们用在各个方面。不过，它们还是有一些差异的。

锌和铝都比较活泼。在遇到空气的时候，铝会在表面生成一层三氧化二铝（Al_2O_3）来保护内部的金属，锌则是缓慢地生成碱式碳酸锌 $[Zn_2(OH)_2CO_3]$，在温度稍高的情况下会生成氧化锌（ZnO）。正是因为锌具有一定的活动性，人们才往往使用它来保护比它稍微稳定一些而仍会在空气中生锈的铁（26）——利用牺牲阳极法。把锌和轮船的铁壳连接起来，用锌保护铁免受海水的腐蚀。当锌被消耗殆尽的时候，铁还是原来的铁，人们要做的只是更换锌块，继续保护铁就可以了。可怜的锌就这样消失在了海水里面。

在电池工业中，锌也是一种通过牺牲自己来发挥作用的材料，比如用来制造锌锰干电池、锌空气电池等。作为一种比较活泼的金属，锌是一种非常理想的电池负极材料（没错，电池的负极在反应中被消耗掉，将化学能转化为电能）。当然，也可以通过添加一些其他元素来改善电池的性能。尽管这些电池的性能不是出类拔萃，但也是我们在日常生活中经常使用的电池。何必去苛求它们呢？

值得一提的是，中国以前的元素化学史并不是特别多彩，但是锌元素是由中国古人发现的，尽管还有一些争议。纯锌的获得的确归功于中国古代冶金技术的发展，《天工开物》[1]就记载了金属锌的制备方法。

不得不说，锌是一种很卑微的元素，以至于写到锌的时候，我都开始不自觉地想给它多说点好话，但说得再多又有什么用呢？锌还是锌。不过，对于下一种元素镉（48），我头一次觉得情况会如此尴尬。

元素序号符号：	熔点：
(30) Zn	419.527 ℃
相对原子质量：	沸点：
65.38	907 ℃
密度：	原子半径：
7.14 g/cm³	142 pm

◀ ▲ 一块通过蒸馏形成的羽毛状锌结晶。工业上的锌几乎不通过蒸馏提纯，所以这种结晶十分少见。显微摄影画面的实际宽度约为 19 毫米。

◀ 一根高纯度锌棒，断面处显露出结晶颗粒。

▼ 元素收藏家西奥多·格雷先生亲手制作的一个浇铸锌摆件。

▲ 一块锌锭的撕裂块，暴露出了内部的结晶。

▼ 通过提拉法制作的单晶锌棒。

▶ 经酸洗之后，这个锌立方的表面展现出了结晶颗粒。

[1]《天工开物》是世界上第一部关于农业和手工业生产的综合性著作，由中国明代科学家宋应星（1587 — 约 1666）所著。

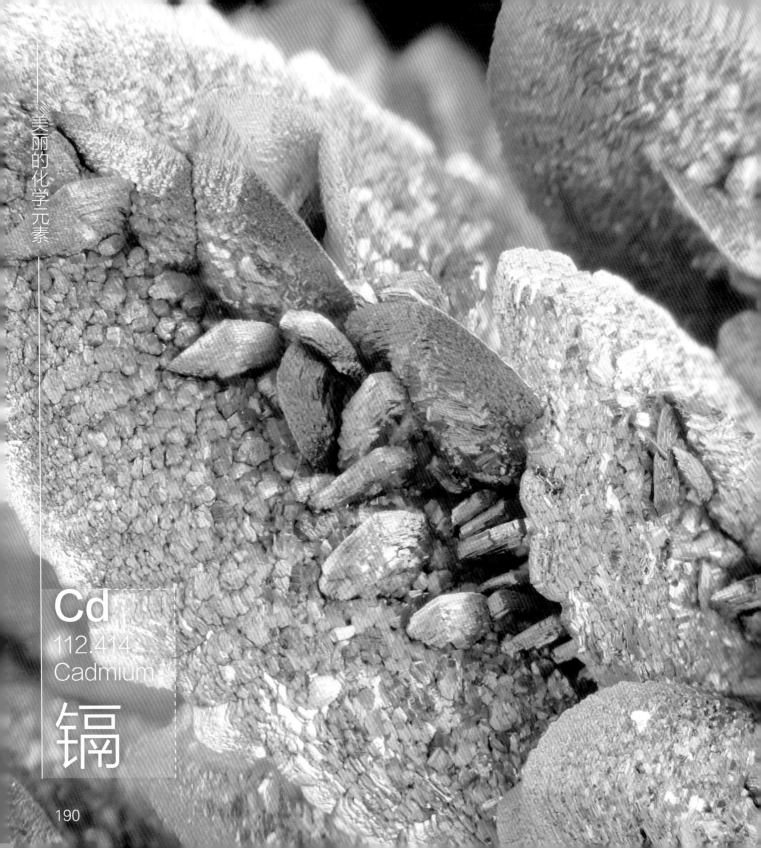

Cd
112.414
Cadmium

镉

嗯，说来十分奇怪，我不知道为什么在第一次接触化学元素的时候唯独对镉产生了厌恶。或许是它的毒性让我的内心产生了一种排斥而非恐惧的特殊感觉，但这并不妨碍我现在拿着一块5千克镉切块在这里展示。看，它也是一种有着银白色光泽的金属，而且这个沉甸甸的铸块拿在手里的感觉很不错，但是一定要戴着手套。

我对镉产生排斥是在我听说痛痛病[1]之前的事情了，但是在听到了镉中毒导致的这种可怕病症之后，我并没有更加讨厌镉，当然也没有对它产生什么好感（或许这个名字让我感到不愉快吧）。镉会通过电镀、采矿等方式污染我们在日常生活中所接触的物品，包括食物，然后再被我们摄入体内。镉是一种重金属元素，而且在通过食道、呼吸道进入人体内后会在人体内沉积。镉的累积会让人体内的钙（20）大量流失，造成骨质疏松、骨骼萎缩和关节疼痛。哦，好可怕。

如果镉没有那么耸人听闻的毒性，它的用途就可能广泛得多。例如，尽管可以重复充电的镍镉电池有着不错的性能，但它最终还是因为镉的毒性对环境造成的污染而被取缔。镉也曾经用作电镀材料，覆盖在一些人们不希望被快速腐蚀的材料上充当保护层。当然，这种工业在逐渐衰退。镉黄作为一种颜料，在过去可是非常著名的黄色颜料，然而随着镉的毒性被公众认知，它也慢慢变成了一种仅仅看上去是黄色而实际上不

◀ ▶ 通过蒸馏制作的金属镉结晶。镉的沸点并不高，镉蒸气在冷凝后会形成片状结晶。显微摄影画面的实际宽度约为 19 毫米。

含镉的颜料的名字了。

镉曾经出现在一些传奇故事中。当费米[2]制造第一个人工核反应堆的时候，真正让人觉得有趣的不是他使用成吨石墨和核燃料，而是那个拿着斧子站在一旁的人。他随时准备砍断拴在一根包着一层镉的木棒上的绳子，以防止增殖反应失控。镉具有较大的热中子俘获截面[即容易吸收中子，和以前的锆（40）恰恰相反]，所以可以用来制作核反应堆的控制棒，使将要失控的反应停止下来。虽说当年的保护措施有些滑稽，不过这真的是镉有用的一面。除此之外，它只能蜷缩在黑暗的角落里，被人们漠视。人们在提到它的时候不忘加上一个痛痛病，并投上一个鄙夷的眼神。

这可不是在批评镉，虽然镉的确有点无辜，但是它的性质导致了一系列悲剧……不如想一点好的东西，别再纠结于它了。脱离了剧毒的折磨，我们去看看下一章吧，在那里欢迎我们的是大家都熟悉的铁（26）。

元素序号符号：	熔点：
(48) Cd	321.069 ℃
相对原子质量：	沸点：
112.414	767 ℃[2]
密度：	原子半径：
8.65 g/cm³	161 pm

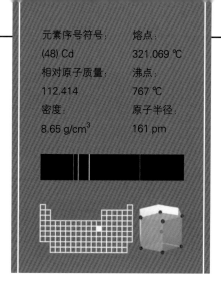

◀ 一根在试管里面熔化之后经缓慢冷却形成的带有大颗粒晶体的镉棒。镉在熔化后很容易被氧化，我们在制作过程中应严格隔绝空气，这样才能使最后的结晶棒依然光亮。

▼ 被层层包裹后保存在玻璃管里的高纯度镉粒。

▲ 镉铸锭，其表面有铸造过程中冷却收缩时形成的花纹。

▶ 镉橘红颜料，由左侧黄色的硫化镉（CdS）和右侧红色的硒化镉（CdSe）按比例混合形成。

[1] 痛痛病于 20 世纪初出现在日本富山县神通川流域，矿物开采导致河流被镉污染，从而危害到当地居民。

[2] 恩利克·费米（1901 — 1954），美国著名物理学家，曾领导一个小组在芝加哥大学建立了人类历史上第一个可控核反应堆。

第 7 章　贵金属和它们的亲戚

由于电子排布的特殊性，这9种副族元素的化学性质相近，因此被归在一起成为一族。由于镧系收缩的缘故，位于第五周期和第六周期的元素的性质相近，例如钌（44）和锇（76）的性质相近，而它们和铁（26）则有些不同。这样的差异导致了第八族中的元素可以被进一步划分：上面的三种元素称为铁系元素，下面的六种称为铂系元素。

铁系元素中的三种元素铁、钴（27）、镍（28）都是良好的磁体，它们非常容易被磁体吸引。用一块磁石去触碰铁，你会发现磁石被撤走后，这块铁可以吸引其他铁块。铁系元素是在室温下铁磁性最明显的几种元素，它们在受到外加磁场作用的时候自身会被磁化成磁体。

铂系元素则是元素周期表中的高光点了。它们是地壳中最稀少的几种元素，往往一同存在于矿石中。铂系元素具有高熔点和良好的耐腐蚀性，在工业中是良好的催化剂，在首饰行业也是备受青睐的材料，供不应求的市场环境导致它们的价格一直居高不下，往往和金（79）、银（47）一起被称作"贵金属"，成为人们投资的对象。由于它们的产量相对稳定，在一项新的用途被开发出来之后，这些元素的价格就会暴涨。这对于尝试收集这些元素样本的收藏家来讲并不是一件好事。

扫描二维码，观看本章中部分
元素样品的旋转视频。

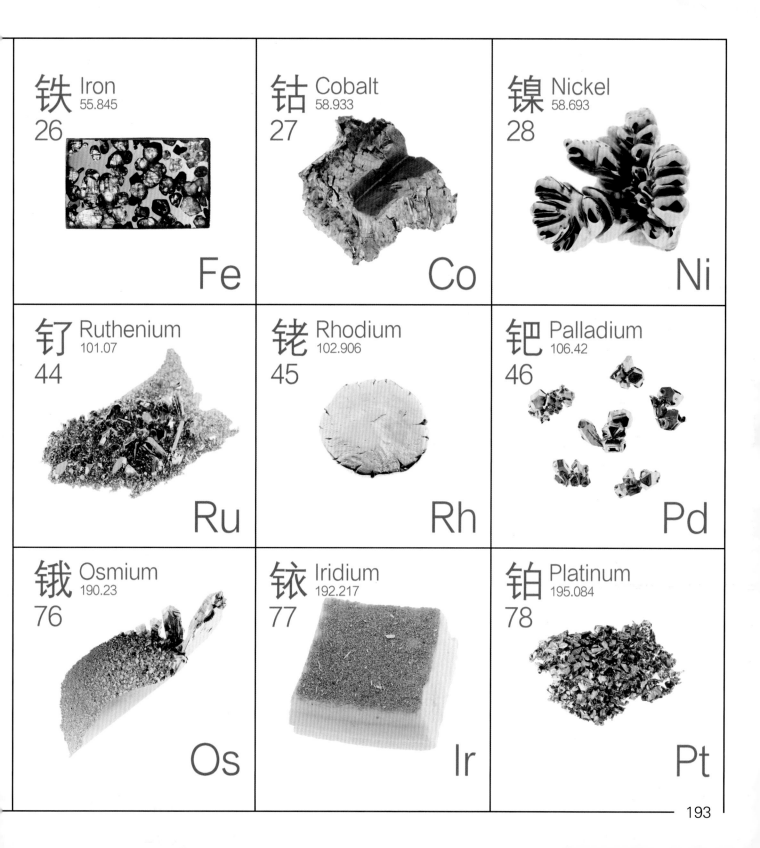

铁 Iron
55.845
26
Fe

钴 Cobalt
58.933
27
Co

镍 Nickel
58.693
28
Ni

钌 Ruthenium
101.07
44
Ru

铑 Rhodium
102.906
45
Rh

钯 Palladium
106.42
46
Pd

锇 Osmium
190.23
76
Os

铱 Iridium
192.217
77
Ir

铂 Platinum
195.084
78
Pt

Fe
55.845
Iron

铁

说到铁，我们的第一印象是这是一种冰冷的、容易生锈的金属。没错，在西方，铁凭借着冰冷的触感而被古人称为Iron，成为了一个原生词。

我们知道铁很容易生锈，其实大多数金属在空气中都会和氧气（O_2）发生反应，生成一层氧化膜。但是，铁的氧化膜[铁锈，即水合氧化铁（$Fe_2O_3 \cdot xH_2O$）]比较特殊，它的体积比原先的铁大，因此它十分疏松，会自行剥落，暴露出新的金属继续被氧化。铁在空气中的氧化是一种灾难性的反应，每年有许多钢材因此被消耗，人们需要采取一些手段来防止铁生锈，比如刷油漆、烤蓝、外加电源或者镀上一层前文提到的锌（30）。

对于我们来说，铁是最熟悉不过的元素了。但是，我们通常见到的铁的纯度不是很高。根据原电池原理，我们知道高纯度的铁更耐腐蚀一些（当然只是相对而言），但是直线上升的成本导致高纯度铁不能大量用在我们的日常生活中。相对而言，加入一些其他元素，把铁制成耐腐蚀的合金是一种更好的办法，

于是就有了各种各样的不锈钢。它们的性能各不相同，被用在工业生产和日常生活的许多方面。仔细研究文字时，你会发现"铁"是纯净物，而"钢"则是含有碳（6）的合金。中国的古话"恨铁不成钢"是不是应该反过来说呢？

铁在很早以前就被人们发现和利用。很早以前，人们没有炼钢高炉，不会还原铁（铁只是作为炼铜（29）的副产品被意外地还原出来），不过陨铁中含有大量铁单质，这也是人们最早获得纯铁的方式。顺便提一句，由于当时铁很稀缺，和铝（13）相似，它也曾经被视为十分珍贵的元素。

时至今日，铁已经成为了应用最广泛的材料了。随着工业的发展，铁成为了最基本的金属材料，甚至我们一提到金属，第一个想到的就是铁。到了钌（44），我们就进入了金属元素最华丽的篇章——贵金属。

元素序号符号：　　　　熔点：
(26) Fe　　　　　　　1538 ℃
相对原子质量：　　　　沸点：
55.845　　　　　　　2861 ℃
密度：　　　　　　　　原子半径：
7.874 g/cm³　　　　　156 pm

▲ 陨铁是古时候纯铁的一种来源。包含了橄榄石晶体的陨铁称为橄榄陨铁，十分美丽。

▶ 通过电解法提纯得到的高纯度铁块。

◀ 一瓶铁粉，作为标准物质分析材料使用。虽然它的纯度只有99.98%，但是符合一些分析环境的要求。

◀ 与石英（SiO_2）共生的镜铁矿（Fe_2O_3），是一种有光泽的片状矿物。

▼ 一卷钢丝棉，即很细的铁丝，可以用来清洁物品的表面。由于它有很大的比表面积，在加热的时候很容易燃烧，即发生快速的氧化反应。

◀ ▲ 一块使用过的纯铁溅射靶，其表面有锈蚀的痕迹。铁是最常见的元素，但是它的结晶样品并不多见。显微摄影画面的实际宽度约为19毫米。

Ru
101.07
Ruthenium

钌

钌是我们接触的第一种铂族元素，这一族元素都具有耐腐蚀性和特殊的催化性能，而且储量小——这意味着价格更高。有意思的是，尽管钌是贵金属，而且市值还不低，可是从来没有国家发行过用纯钌制造的硬币和投资锭条。这是因为钌真的太脆了，稍微受到碰撞，钌制品就会破碎。

钌粉是钌最基本的形态，经过分离提纯之后获得的钌基本上就以这种灰黑色粉末的形式出售，剩下的为数不多的钌制品大多是通过压制或者电弧熔炼钌粉定型的方式获得的。因为钌又硬又脆，很难再次进行机械加工，所以纯钌制品很少见。

不过，这并不意味着我们接触不到纯钌。钌还有一个特点：薄薄的纯钌镀层的颜色发暗，如果在一个廉价的金属件或塑料件上面镀一层钌，那么它就会带有一种单调而轻微的灰色，就像锡镴[一种珠宝、首饰常用的材料，由纯锡（50）或锡和一点其他金属组成，你可以把它当作一种昂贵的焊锡]一样。很显然，在廉价的材料上镀一层钌比用一整块锡镴制作珠宝要划算和美观一些。这就导致我们可以轻松地在小地摊和奢侈的眼镜店买到镀有钌的廉价首饰和眼镜框。

说白了，钌的性质不能让它的单质独自作为一个真正的明星，它常常和其他元素共同作用，起到锦上添花的作用。然而这对于它来说或许已经足够了，下一种元素锇（76）和它所扮演的角色比较相似。

元素序号符号：	熔点：
(44) Ru	2333 ℃
相对原子质量：	沸点：
101.07	4147 ℃
密度：	原子半径：
12.37 g/cm³	178 pm

▲ 一块硬盘盘片，其中用到了钌镀层，用于阻隔记录信息的磁性涂层间的相互干扰，从而扩大硬盘的储存空间。

▲ 一颗光亮的馒头状钌熔珠。

▲ 掺有 + 3 价钌的冰茶色玻璃珠。

▶ 主电极为钌合金的汽车用火花塞。钌的稳定性能够延长它的使用寿命。

◀ 一枚由钌和金（79）装饰的纯银（47）星球大战达斯·维达纪念币，用钌产生的灰色装饰背景是一种绝佳的做法。

◀ ▲ 通过气相沉积法制得的一片钌结晶簇，在显微镜下观察时，大小不一、排列散乱的结晶就像一片森林。显微摄影画面的实际宽度约为 10 毫米。

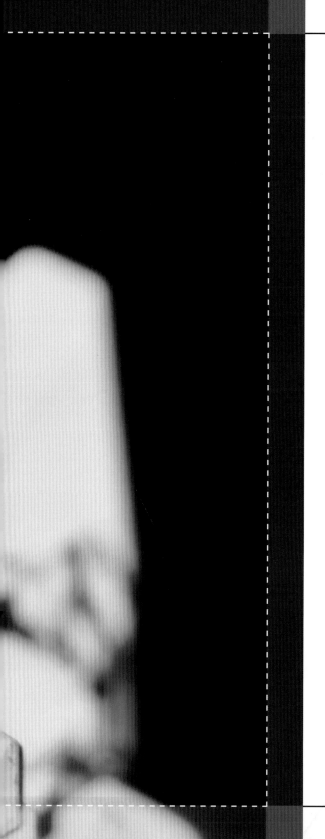

我在前面介绍过气相沉积法分为物理和化学两种，并且提到物理气相沉积法包括蒸馏、溅镀等方法，让原子不经过化学反应而发生转移。而化学气相沉积法则通过可逆的化学反应来转移原子，从而让它们重新沉积排列得到结晶，以前介绍的用碘化物热分解法制作金属钛（22）的结晶就是化学气相沉积法的一个应用。

实际上，氯（17）、溴（35）、碘（53）和不活泼的金属形成的化合物都有在低温下化合、在高温下分解的性质。这些元素在沉积过程中相当于搬运原子的媒介，并不会被消耗。在反应前将两种元素在密闭容器中混合，在将容器置于双区炉中，使其一端保持较低的温度，另一端保持较高的温度。在反应结束的时候抽走媒介，得到的就是我们想要的结晶了。利用这种性质，再控制好反应温度，就可以制作出许多金属元素的结晶了，比如下面列举的两个组合。

铁（26）和碘，二者在温度达到500摄氏度时化合，达到800摄氏度时分解。

锇（76）和氯，二者在温度达到900摄氏度时化合，达到950摄氏度时分解。

和它们类似，许多金属可以通过这种方式形成结晶，我们在这里就不一一列举了。有趣的是，如果条件稍加改变，所得到的结晶产物的外观也会有所不同，比如这两页展示的钌结晶。这个反应持续的时间绝对比你想象的长，一般制作两三厘米大小的结晶需要两个月。在此期间，需要让炉子一直加热维持高温状态，所消耗的大量电能注定让这种结晶除了用于观赏收藏以外没有什么实际用途。

◀ 一块通过化学气相沉积法制作的钌结晶。经过这样处理的结晶价格往往会翻上几番，但幸运的是我在得到它的时候它的原料还非常便宜。显微摄影画面的实际宽度约为10毫米。

Os
190.23
Osmium

锇

锇是铂族元素中的一种。和其他铂族元素不同的是，锇的表面带有一种幽暗的蓝色色调。这种幽蓝色色调并非完全来自金属本身，还有一部分来自锇暴露在空气中时形成的二氧化物（OsO_2）。以稳定著称的铂族元素在空气中会被氧化绝对是一件让人吃惊的事情，但知道了锇还有一种氧化物之后，我们应该庆幸锇仅仅是在空气中被氧化成了这种蓝色氧化物，而不是具有挥发性和剧毒的黄色四氧化锇（OsO_4）。四氧化锇的沸点非常低，在室温下就能够挥发出具有臭味的蒸气。虽然这是锇得名的原因[1]，但谁也说不清楚这种氧化物的气味到底是什么样——原因你应该明白。

当然，抛开可怕的四氧化锇不谈，我们发现化学教材中曾经介绍过锇这种地球上存在的密度最大的物质。实际上，在很长一段时间以前，锇并没有这个头衔，原因很简单，人们把它的密度数据搞错了。不幸的是，人们似乎还搞错了锇的另外一个性质——硬度。

说到硬度最大的金属，我们往往想到教材告诉我们的铬（24）的莫氏硬度[2]是9，而没有提到锇的莫氏硬度。我们可以查到锇的莫氏硬度是7，如此悬殊就一定意味着锇的硬度败给了铬？实际情况并非如此，我们可以先来看一个简单的例子。

当一个面团刚刚揉好的时候，它非常柔软，容易塑形，而放置一段时间后，它就会变得又硬又脆。金属和这有点相似，但不完全一样。金属材料的硬度取决于两个方面，一是加工方式，二是材料的纯度。金属材料的加工方式多种多样，从粉末冶金到电解沉积，得到的金属制品的硬度有所不同。电解沉积的铬的莫氏硬度能够达到9，而其他形态的材料未必如此。我们还需要知道的是，锇的莫氏硬度是用通过气相沉积法获得的结晶测定的，其数值未必高于铬镀层的莫氏硬度。像其他金属一样，锇的硬度和其他机械性能与金属样品的加工、处理方式有关。

除了硬度方面出现的争议，锇的密度数据在很长一段时间内都是错误的。关于这一错误数据的来源，我们会在铱（77）那里详细说明。由于锇很难拥有什么独特的用途，因为它价格实在太高了，在没有特殊要求时，人们不会把它作为首选。而在需要极高的硬度时，锇也很难单独出现，因为它太脆了，以至于工业上往往把它制作成合金，既保证了足够的硬度又有一定的韧性。当然，这一点还是无法使锇成为那种家喻户晓的元素。我们注意到所有贵金属中只有钌和锇几乎没有相应的纪念币和投资用的金属锭。与其说人们没有意识到它们的价值，不如说它们难以加工或者性质不够让人满意。钴（27）的情况会不会好一些？

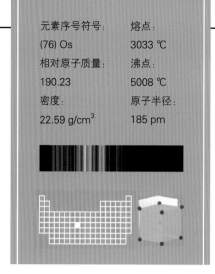

元素序号符号：(76) Os
熔点：3033 ℃
相对原子质量：190.23
沸点：5008 ℃
密度：22.59 g/cm³
原子半径：185 pm

▲ 1克重的锇珠，锇的高密度导致了它的体积很小。

▶ 四氧化锇是一种淡黄色固体，在室温下会反复升华、凝华，从而结晶。

▼ 封存在玻璃管里的锇粉，是一种蓝黑色粉末。锇粉非常容易被氧化，需要密闭保存。

▶ 锇熔珠，在空气中的灼烧氧化损耗让它的表面展现出结晶纹路。

◀ ▶ 通过气相沉积法制得的锇晶簇，展示了交杂在一起的大小晶体，晶体表面细微的纹路就像树的年轮一样表明了它是如何缓慢生长的。显微摄影画面的实际宽度约为 13 毫米。

[1] 锇的英文名称为 Osmium，来自希腊文 Osme，意为"臭味"。
[2] 采用刻痕法，用棱锥形金刚石钻针刻划所测试物体的表面，然后测量划痕的深度，该划痕的深度就是莫氏硬度。

Co
58.933194
Cobalt

钴

钴-60！辐照厂！这些吓人的字眼对大家来说已经不陌生了。钴-60是一种危险的放射性核素，而且放射出的γ射线具有足够大的威力使人感到畏惧，所以反对建立辐照厂的事情就说得通吗？抛开广大群众所关心的"安全问题"不谈，我们今天只谈天然存在的钴。天然的钴只由一种核素钴-59组成，而它是稳定的，是像铁（26）和镍（28）一样的金属。

钴对我们来说并不陌生，它的颜色会给人留下深刻的印象，如蓝色的钴玻璃。钴蓝看上去很漂亮，尽管用处不算多，但是这种深邃的蓝色让你见一眼就不会忘记。或许你会想到它能不能当作颜料使用？恭喜你，你和几千年前的埃及人想到一起去了。（这么说是不是有点奇怪？）钴蓝是一种常见的蓝色颜料，时至今日，我们还在使用它，用于染色、制造钴玻璃等。

大多数钴盐有一种特性，就是颜色会随着所带的结晶水的数量而改变。比如，氯化钴（$CoCl_2$）在带有6个结晶水的时候是粉红色，而在干燥的时候是蓝色。这就意味着它可以被制成检验水的一种试剂。没错，变色硅胶就是用钴盐来判断它能否发挥作用的。如果变色硅胶吸收了足够多的水分，它就会由蓝色变为红色，这时我们只需要把它重新烘干，就能够继续使用了。

如果说钴的作用仅仅局限于此，那是不对的。维生素B-12的核心成分就是钴。我们会从食物中摄取钴，而且无机形式的钴能够促进我们体内的血红蛋白的合成，可以治疗某些贫血症。如果仔细审视一下钴，你就会发现它还是很有用的。它的化合物的性质给我们带来了便捷，它在生物体内也发挥着不可替代的作用。钴的化合物的蓝色非常漂亮，而铑（45）的化合物则呈玫瑰红色。

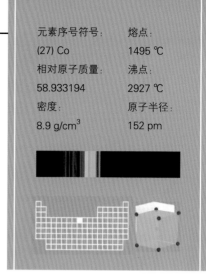

元素序号符号：	熔点：
(27) Co	1495 ℃
相对原子质量：	沸点：
58.933194	2927 ℃
密度：	原子半径：
8.9 g/cm³	152 pm

▲ 通过气相沉积法制得的钴结晶。

◀◀ 破碎的熔炼钴块，暴露出了内部的结晶。显微摄影画面的实际宽度约为13毫米。

◀ 最普通的电解钴片，电解时施加在金属上的电流导致产物形成了凹凸不平的表面。

▲ 蓝色钴玻璃碗，钴的加入让它呈现美丽而深邃的蓝色。

◀ 一块钴熔锭的背面，金属在冷却时体积收缩，形成了有趣的结构。

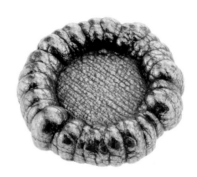

▲ 通过电解产生的钴"花"。

▲ 干燥（左）和潮湿（右）的变色硅胶，有着明显的颜色差别。这样的吸湿剂使用钴的化合物来表明它的状态，并且可以通过加热反复使用，是非常常见的实验室耗材。

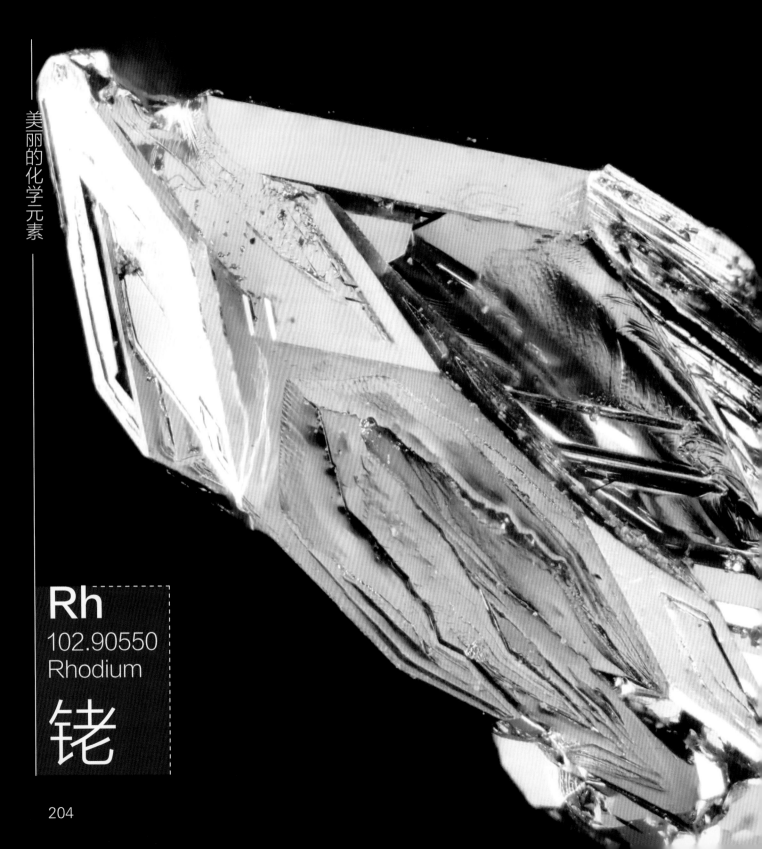

Rh
102.90550
Rhodium

铑

说到最贵的元素，我们往往会想到高高在上、用于制作首饰的贵金属。根据现在的市价，铑是最昂贵的元素，但是它大多用在那些黯淡无光、不见天日的场所。比如，铑可以作为汽车尾气的催化剂，使没有充分燃烧的燃料被氧化，减小对大气的污染。用纯铑制作首饰并不划算，而在廉价首饰上镀一层铑是一件非常划算的事情。铑的镀层非常闪亮，而且不会在使用过程中被腐蚀褪色。

铑的需求十分独特，从某些角度来讲十分卑微，但又不可或缺。铑的获取方式只有铂矿开采，当铑的需求量上升的时候，人们并不会为此开采更多的铂矿，铑的单价就会一下子变得高高在上。一种矿石的杂质比它的主要成分还要珍贵，这是不是一个值得探讨的问题呢？

当然不是，没有多少人关心这个问题。除了那些怀揣几盎司铑条并盼望着它们能够升值的人以外，的确还有人关注铑。铑凭借着它的价格获得了一个非常有趣的地位，就是用来象征最高地位。1979年，前披头士成员保罗·麦卡特尼[1]售出1亿张单曲唱片，获得吉尼斯世界纪录颁发的"铑唱片奖"。没错，他真的得到了一张镀有铑的唱片。不过究竟那张铑唱片价值几何，无人知晓。总而言之，铑凭借它的价值的确能胜任这种独特的用途。

当然，铑也有一些其他的用途，比如和铂（78）一起形成合金用在热电偶里，或者制作某些有特殊要求的反光镜。通过电镀或者沉积，让铑在物体表面形成一层薄膜，这样就能得到反光性能良好且很难生锈的反光镜。这听上去很像银（47）的用途？的确如此，但是铑解决了银会生锈失去光泽的问题，因此成为了"模仿"银的一种元素。铱（77）也可以，但是没有人这么使用它。

元素序号符号：
(45) Rh
相对原子质量：
102.90550
密度：
12.45 g/cm³

熔点：
1963 ℃
沸点：
3695 ℃
原子半径：
173 pm

▲ 通过热加工碾压一颗熔珠得到的铑薄片。铑只能够在高温环境下加工，否则会变得很脆。

◄ 苹果公司宣称最新的闪电数据线接口（左）使用了铑镀层，而过去的版本（右）使用的是金（79）。

▼ 在试图寻找一些贵金属的应用时，音响发烧友经常能够给出让人满意的答案，就比如这个样品，尽管他们自己有时也不清楚在电源插头上镀一层铑是否有用。

▲ 掺有 + 3 价铑的玻璃珠，呈棕橘色。

► 一个使用铑靶的 X 光管。铑的熔点较高，而且释放的射线能量适中，因此它是制作 X 射线靶材的理想材料。

◄ ▲ 通过气相沉积法制得的铑结晶，昂贵而罕见的样本。显微摄影画面的实际宽度约为 16 毫米。

[1] 保罗·麦卡特尼（1942 — ）是英国的一名摇滚音乐家、创作歌手、多乐器演奏者以及作曲家，前披头士乐队（1960 — 1970）及羽翼合唱团（1971 — 1981）的成员。《吉尼斯世界纪录大全》记载保罗·麦卡特尼为流行音乐史上最成功的作曲家。

Ir
192.217
Iridium

铱

铱是一种表面带有一丝非常不明显的黄色的银白色金属，它看上去和银（47）很像。把它拿在手中，我们才能感受到它那令人惊讶的密度。没错，铱的密度很大，仅次于锇（76）。二者密度的差异是如此之小，以至于人们很久以来都没有分清楚锇和铱的密度到底谁大。

我们所谈论的"密度"实际上是一个非常理想化的数据，它指的是某种元素的不含有任何杂质的样品的单晶密度。所有原子都以同样的方式排列，这在现实中是不可能实现的，任何掺入的杂质和熔炼工艺的缺陷都会导致密度偏离理论值。我们所能做的只是不断接近这个数值。它过于理想化了，在现实中不能测得，这就导致了我们所能够真实看见、接触的金属样品的密度和理论值永远有一些差异。在测算理论值的时候，实际上要用X射线测定金属实物样品局部的单晶结构，然后根据相对原子质量推算它的密度。可怕的是，人们把锇和铱的相对原子质量搞错了，而且在计算密度的理论值时忘掉了这一点，于是铱就成为了密度最大的金属。这个错误的说法在几十年内被无数次引用，时至今日，我们仍能看到"锇和铱是密度最大的元素"这种模棱两可的说法。

但是，我支持这种说法，因为作为决定理论密度的一个因素，相对原子质量其实是一个充满变数的数值。绝大多数元素在地球上都有多种不同质量的核素，最直接的问题是在地球上不同的区域取样时，某种元素的不同核素的丰度就会有所不同。这就导致了相对原子质量不太让人信服。如果有足够的条件，任何一个人都能测出一个和原先的标准值有些差异的数据，而且完全说得通。因此，锇和铱的理论密度建立在人们最早测定的相对原子质量之上，如果这个数据有一天发生了变化，即便是零点几的变化也会使二者密度的排名发生变化。

这个话题实在让人头疼，不过让人安心的是这种情况不会发生。不是人们觉得这么做很无聊，而是一再纠结于此没有任何意义。为一个永远不会确定下来的数据大打出手，从而耽误了其他科研进展，估计没有人会这么做吧？

就目前的数据而言，铱是地壳中含量最少的稳定元素，它具有一些独特的性质，因此被人们开采、利用。铱有一种令人兴奋的性质，它是最耐腐蚀的金属。这听起来可能有些夸张，但在没有任何一种材料能够抵抗所有化学试剂腐蚀的情况下，铱的表现已经极为出色了。铱能够在绝大多数腐蚀剂中保持一定的惰性——并非一点都不会被腐蚀，而是相对于其他材料而言，它被腐蚀的程度更轻一些。这就使铱能够用于许多具有耐腐蚀性要求的容器的制造。但铱终归还是一种贵金属，即便是生产坩埚时的废料也会被收集起来以高价卖出。在谈到价格时，铱后面的镍（28）或许是一个更好的落脚点。

元素序号符号：(77) Ir
熔点：2446 ℃
相对原子质量：192.217
沸点：4428 ℃
密度：22.56 g/cm³
原子半径：180 pm

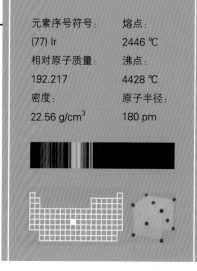

▶ 含有 + 4 价铱的玻璃珠。铱的化合物在各种玻璃材料中都很难溶解，因此制作这个样品十分困难。

▲ 来自铱坩埚废料的一块金属铱。即便是废料，它也是经过熔炼的致密金属，断面处显露出依稀可见的晶粒。

◀ 由锇铱制成的合金球具有很高的硬度，能够提升钢笔的书写质量，延长使用寿命。

◀ 一些颗粒稍大的铱结晶，同样是在熔炉里缓慢沉积形成的。

◀▶ 在高温熔炉里以氧气（O_2）为运输载体，缓慢化合并分解沉积在二氧化锆（ZrO_2）炉壁上而形成的铱晶体。这样的铱晶体是在熔炼加工铱的时候得到的"副产品"，只有在维修、更换熔炉的时候才会被清理掉。显微摄影画面的实际宽度约为 10 毫米。

Ni

58.6934

Nickel

镍

镍的出现伴随着一种新的病症——镍痒症，听上去很可笑，但是它是真实存在的。大约20%的人对镍离子（Ni^{2+}）过敏，而且女性患者的数量高于男性患者。在接触镍的时候，镍离子会通过皮肤上的毛孔渗入皮肤里面，引起皮肤过敏发炎。说真的，没有一种化学元素能使任何一个人接触而不产生过敏症状[即便是钛（22）这样的金属也有过敏案例]，只不过对镍过敏的人更多，因此镍就有了这样的"坏名声"。

不过好在镍对于人们来说还是利大于弊，镍氢电池和镍镉电池是非常常见的电池，它们在锂离子电池出现之前都曾经风光过一阵子（镍镉电池由于含有对环境有害的镉而被取代）。纯镍具有一定的耐腐蚀性，比如镍制坩埚可以用来加热熔化强碱，不过镍可以溶解在稀酸里面。由于二氟化镍（NiF_2）的致密性，我们可以用衬镍的钢瓶保存氟气（F_2）这种会剧烈地腐蚀绝大多数物质的活泼气体。其实，镍的应用不仅是作为电池原料和耐腐蚀材料，它也是一种和铬（24）类似的电镀材料。

单纯从电镀工业的角度来看待镍，

你会发现它基本上和铬一样，只不过二者有着微妙的区别。铬坚硬而闪亮，镍耐氧化剂腐蚀，颜色稍暗一些。镍的颜色不仅稍暗一些，还发黄。即便经过打磨，纯净的镍的表面还是有一种温暖的浅黄色。这或许会让它后面的元素钯（46）十分生气。钯也有淡黄色，它的性质比镍更稳定，但大家只有在电影里面才听说过它的名字。

元素序号符号：	熔点：
(28) Ni	1455 ℃
相对原子质量：	沸点：
58.6934	2913 ℃
密度：	原子半径：
8.908 g/cm³	149 pm

▲ 通过电解沉积得到的镍板，是一种常见的镍原料。

▶ 由纯镍制作的吉他琴弦。镍可以有效地抵抗汗水的腐蚀。

◀ 镍氢电池，是一种常见的可重复充电使用的电池。

▼ 一根通过蚀刻展现出结晶纹路的镍棒。常见的致密镍制品都是通过电解生产的，像这样通过热加工得到的样品晶粒较大，机械性能相对差一些，因此并不常见。

▼ 表面镀有一层铬的电解镍结核。可惜的是，在大多数情况下，这种有趣的结核是作为工业副产品生产出来的，随即就会被销毁。

◀▲ 通过电解形成的镍结核，展现出了树枝状分形结构。显微摄影画面的实际宽度约为 16 毫米。

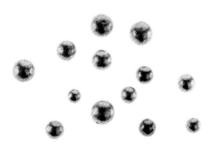

▲ 颗粒状镍原料。

Pd
106.42
Palladium

钯

钯和银（47）很像，因为它也是一种略带淡黄色的银白色金属，具有一定的耐腐蚀性和延展性——仅仅这些就足够了。我们以前说过，铑（45）可以通过蒸发或者电镀形成一层薄膜，而钯则通过延展成薄片包裹、黏附在物体的表面。二者的效果类似，只不过因为它们的性质不同，人们会采用不同的处理方式，而且总是倾向于采用简单一些的方式。

钯看上去不是那么脆，那么它也可以用来制作首饰？答对了，加十分。用钯制作首饰的时间已经很长了，只不过你走进首饰店的时候第一眼看到的不是它，而是那些璀璨夺目的黄金（然后在感慨它们的价格时被家长拉走）。而钯金首饰则只是静静地躺在柜台中的一些不起眼的角落里，甚至干脆不被摆出来。这是为什么呢？因为钯的知名度很低，没有人愿意花大价钱买一个自己几乎没有听说过的金属块戴在身上。当见到用纯钯做的戒指的时候，我还真说不出它和铂金首饰有多大的区别。

抛开那些高贵的头衔，钯也是一种有趣的元素。它有一种独特的性质，就是吸附氢气（H_2）的能力很强，1体积海绵钯（即像海绵一样疏松多孔的金属钯）可以在不施加外界压力的情况下吸收900体积氢气。氢气就这样凭空消失了？当然不是。那些氢气分子被填充到了钯的晶格之中，挤占了一些空间，因此在吸收氢气之后，钯会膨胀、破裂，而在加热的时候，它又会把氢气释放出来。如果不考虑价格因素，那么填充了海绵钯的钢瓶的确是极其理想的储氢工具。

如果你试图在价格方面找到一些安慰，在后面等着的铂（78）也不会满足你的要求，但不得不说它十分赏心悦目。

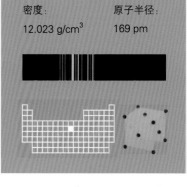

元素序号符号：	熔点：
(46) Pd	1554.8 ℃
相对原子质量：	沸点：
106.42	2963 ℃
密度：	原子半径：
12.023 g/cm³	169 pm

▲ 薄片状金属钯，具有淡黄色光泽。

▶ 一枚使用钯箔制作的邮票，来自汤加。

▼ 一个废弃的摩托车尾气蜂窝触媒，其中的钯元素用于催化尾气中有毒的氮氧化合物（NO_x）和碳氧化合物（CO_x）。

▶ 1盎司钯锭条，贵金属投资市场上不常见的一名成员。

▲ 由于具有良好的延展性，钯也可以被锤打成薄片装饰物品的表面，为其增添金属光泽。

▼ 保存在玻璃瓶里的氯化钯（$PdCl_2$）和硝酸钯[$Pd(NO_3)_2$]试剂，都是十分常见的钯的化合物。

◀ ▲ 钯结晶，其表面的淡黄色十分明显。这个样品是通过气相沉积法制得的。钯并不是一种常见的元素，它的结晶样品同样十分罕见。显微摄影画面的实际宽度约为19毫米。

Pt
195.084
Platinum

铂

铂或许是人类史上被赋予最高价值的金属元素了，我们一致认定它的价值比黄金更高，并用它制作各种首饰。抛开它的身价不谈，铂仍有许多闪光点，让它不只是作为一种充满炫耀意味的元素出现在人们的视野中。

我通过查阅各方面的资料了解到铂具有种种讨人喜欢的性质，以至于人们世世代代无法将其忘怀，但我们或许误读了一些什么东西。铂非常稳定，但它的克星不只是王水，许多熔融的物质都会腐蚀用铂制作的坩埚（这也是使用铂坩埚时需要特别注意所加热材料的原因）。铂的确十分昂贵，但人们出于对它的需求仍会源源不断地开采出成吨的铂矿石，并把它用作汽车尾气催化剂。（的确，用作催化剂的铂比制作首饰的铂多得多，而且其所处的环境往往很恶劣）。铂算不上坚硬，铂制品很容易被刮花。不过，铂的色调十分美丽，如果用"银白色"来概括它那柔和的黄色，那就真的太尴尬了。

我们仍然深陷人们构造出来的骗局之中。商家一直在试图让他们的产品和铂挂上钩，哪怕其中一点铂都没有，也要在名字上扯上关系。铂并不是万能的，而吹嘘铂的性能的人并不只是那些无聊的商家，许多面向低龄读者的科普作品中出现这类现象更令我伤心。

好了，暂且抛开这种不负责任的做法不谈，我会将铂的性能如实转告给你，这是我所遵守的原则。当然，我们完全不用那么紧张，铂是一种非常可爱的元素，它凭借其相当高的密度带来的沉重手感、合适的硬度和韧性以及稳定的化学性质而成为制作首饰的最佳材料之一。从古至今，没有人能够抗拒铂制品的诱惑。铂凭借着它在空气中的稳定性成为了永恒爱情的见证者，常作为钻戒的底座，雍容华贵而又不喧宾夺主。当然，铂不仅仅用于制作首饰。在工业上，铂优秀的催化能力也使它扮演了非常重要的角色。从我们熟知的氨催化氧化到石油工业，我们都能够找到铂催化剂。不得不说，铂的用途实在很多，以至于人们一直希望发现更多的铂矿石，从而进行开采、应用。

总的来说，铂是一种讨人喜欢的元素，喜欢它的人赞美它的性能和质感。但无论如何，气球不能吹得太大，铂的性能是与生俱来的，没有人能够凭借他的言论改变铂。铂就是铂。它的背后仍有许多值得人们发现的用途，让我们拭目以待。对于下一章中的元素，我十分希望能够看一看它们美丽的固态样品是什么样子，但可惜我做不到。

元素序号符号：(78) Pt
熔点：1768.2 ℃
相对原子质量：195.084
沸点：3825 ℃
密度：21.45 g/cm³
原子半径：177 pm

氯铂酸钾（K_2PtCl_6）是一种黄色的含铂化合物，常用于电镀以及铂催化剂的制备。

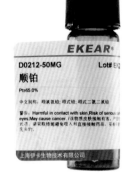

顺铂是一种含有铂元素的抗癌药物，其成分是顺式-二氯二氨合铂(II)（$Cl_2H_6N_2Pt$）。它能够和 DNA 结合并破坏其功能，抑制细胞有丝分裂。

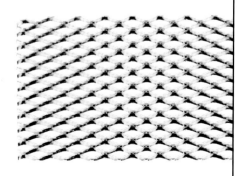

镀有一层很薄的铂的金属钛网，是一种常见的耐腐蚀电极。

闪亮的铂结晶，具有让人们为之心动的色泽。显微摄影画面的实际宽度约为 13 毫米。

铂铑热电偶，是常见的温度测量传感器。在工作时，热电偶的工作端受热，由不同导体连接形成的回路就会产生电流，由此可以测定出温度差。

第8章 其他元素

　　写这一章的原因很简单。在元素周期表里的前83种元素中，有一些元素在室温下呈气态，很难通过冷却变成固态形成结晶，即便形成了，它们大多也是无色透明的雪花状固体，难以保存；有些元素的化学性质过于活泼，会不断侵蚀大多数材料；有些元素具有放射性，我们在现实生活中几乎找不到它们的踪迹；还有汞（80），它是唯一在室温下呈液态的金属，在冷却之后和其他金属一模一样，但是它很容易熔化，结晶结构被破坏。制作、拍摄这些元素固态样品的难度太大，因此我打算只展示这些元素最普通的一面。

　　氢（1）、氮（7）、氧（8）是三种最为常见的气体元素。氢是宇宙中含量最高的元素，而氮和氧则是空气的主要成分。这三种元素的化合物对生命来说也有着非凡的意义，处于化合态的氮对于植物的生长有促进作用，氢和氧化合生成的水是无数生物赖以生存的基础。当这三种元素点缀到碳（6）形成的化合物长链上之后，就构成了多种多样、维系生命活动的有机物。

　　位于元素周期表最右侧的几种元素称为"稀有气体"，又称为"惰性气体"。

　　氟（9）、氯（17）是卤族元素中的前两种。由于原子半径比较小，它们抢夺电子的能力非常强，因此十分活泼。其他卤族元素的化学性质已经在第3章中讲过了。

　　锝（43）、钷（61）是前83种元素中罕见的没有稳定核素的元素，它们的单质具有放射性，而且性质和它们周围的元素较为相似，一般不会出现在我们的日常生活中。

扫描二维码，观看本章中部分
元素样品的旋转视频。

氢 Hydrogen 1.008 1 H	氦 Helium 4.003 2 He	氖 Neon 20.180 10 Ne	氮 Nitrogen 14.007 7 N
氩 Argon 39.948 18 Ar	氪 Krypton 83.798 36 Kr	氙 Xenon 131.293 54 Xe	氧 Oxygen 15.999 8 O
氟 Fluorine 18.998 9 F	氯 Chlorine 35.453 17 Cl	汞 Mercury 200.592 80 Hg	
锝 Technetium [98] 43 Tc	钷 Promethium [145] 61 Pm		

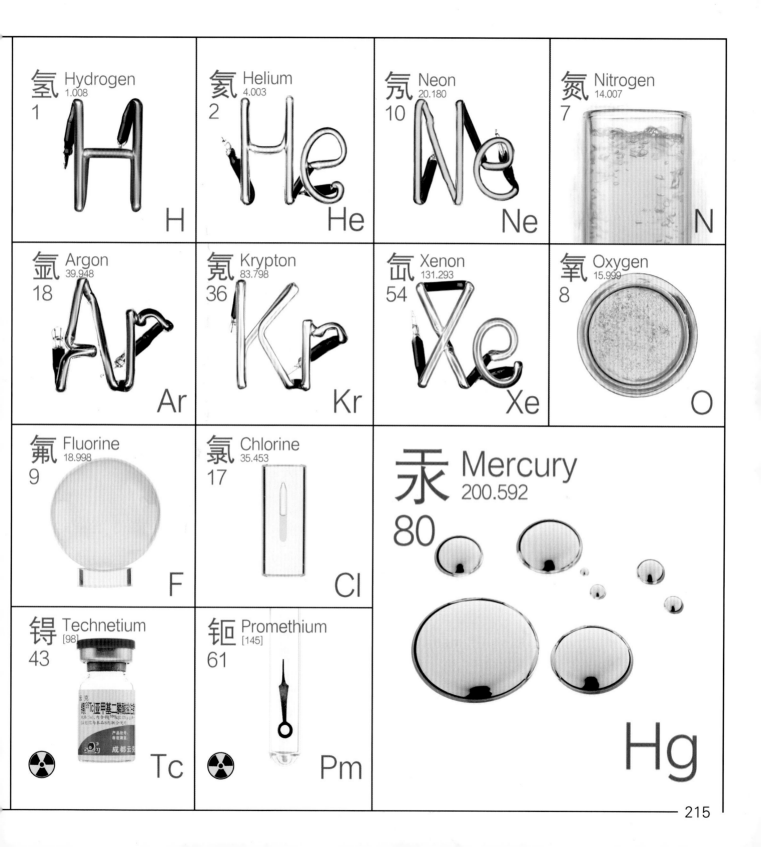

美丽的化学元素

H
1.00794
Hydrogen
氢

氢是宇宙中含量最多的元素，没有之一。根据宇宙大爆炸理论，宇宙中的其他所有元素都是由137亿年前那场大爆炸产生的氢元素经过核聚变生成的，而且现在氢元素仍占宇宙总质量的75%。我们最为熟悉的太阳就是通过让氢聚变为氦而提供能量，维持地球上生物的生长的。如果你对此感兴趣，用 Powder Toy[1]就可以模拟这个步骤。

在现实生活当中，氢也是一种很重要、很常见的元素。我们都知道，生命必需的水就是氢的氧化物。正如氢气被人们发现的过程一样，你把一些碎铁屑放到某些酸液里，就会产生氢气（H_2）。当真正见到氢气的时候，你会发现氢气是一种没有颜色、没有气味的易燃气体。氢气和氧气（O_2）按照一定比例（这个比例范围还不小）混合后的气体在遇到火苗的瞬间就会爆炸，因此在接触、使用氢气的时候需要格外小心。

如果把纯净的氢气封装到玻璃管里，并用高压电激发，你就会看到美丽的辉光，而不是火焰。高压电击穿了氢气，让氢原子的那一个电子获得一定的能量，从而脱离原来的运行轨道，在能量更高的轨道上运行。电子再次回到原先的轨道或者能量低一些的轨道上时，就会以发光的形式释放能量。电子从一个轨道跃迁到不同轨道的时候释放出来的能量不同，因此发出的光线的频率（即颜色）也不同，它们叠加在一起就是你所见到的淡紫色。我所说的这个过程需用最基础的量子力学理论来解释。同样，氦（2）和其他稀有气体也能达到这样的效果。

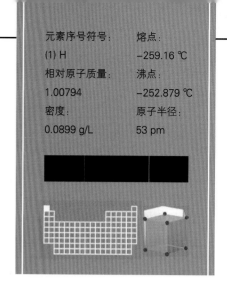

元素序号符号：	熔点：
(1) H	–259.16 ℃
相对原子质量：	沸点：
1.00794	–252.879 ℃
密度：	原子半径：
0.0899 g/L	53 pm

▶ 被高压电激发的氢气，发出了淡紫色辉光。

▲ 氚是氢的一种放射性核素，它自身的衰变会激发玻璃管内壁上的磷光材料，从而发光。

▼ 氢气是密度最小的气体，这是充有1克氢气的气球，其顶端有一颗1克重的锇熔珠，展示了质量相同的密度最小和最大的元素单质的体积比。

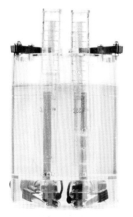

◀ ▲ 一对正在电解水的石墨电极，阴极（照片中右侧的电极）产生的气体就是氢气。

◀ 重水（D_2O）是由氢的另外一种核素氘替代氢形成的物质。这一管重水来自在"重水之战"中被击沉的"海德罗号"。这批等待提纯的重水是第二次世界大战时期德军制造核武器的原材料，而"海德罗号"被击沉导致德国制造核武器的计划失败。

[1]Powder Toy 是一款物理沙盘软件，其中收录了很多物体，可以演示一些涉及物理、化学和生物的反应。

He
4.002602
Helium
氦

Ne
20.1797
Neon
氖

Ar
39.948
Argon
氩

Kr
83.798
Krypton
氪

Xe
131.293
Xenon
氙

氦和氢（1）很像，它们的单质都没有味道，没有颜色。氦是氢聚变的直接产物。就目前来看，太阳中大概有27%的物质是氦气，但是地球大气只含有极少量的、天然放射性元素衰变产生的氦。氦的原子核（α粒子）是重核元素的衰变产物之一，当它得到电子之后就会变成氦气。由于氦气的密度很小，会从岩石的缝隙中逸出，并在空气中不断向上扩散，所以大气中氦的含量很少。相反，在一些地下矿洞中，氦的含量还是很高的。这也是人们获得氦的第一来源。氦由于非常小的密度和很低的反应活性而被用作气球等飘浮物的填充气体。

氖单质在通高压电后会发出非常明亮的橘黄色辉光。这也就决定了氖的用途——用于制作街头商店的招牌，也就是我们常常提起的霓虹灯。但遗憾的是，随着低耗能发光二极管的日益普及，现在我们很难见到原来的霓虹灯了，大街上的绝大多数霓虹灯已经被替换了。

氩气和其他稀有气体一样，都是无色无味的气体。它们的化学性质都不活泼，可以用作保护性气体。但是，氩气有一个优势：它是地球大气中含量最多的稀有气体元素，占空气总体积分数的近1%，以至于氩似乎配不上"稀有气体"这个名号了。凭借这种优势，氩在工业上作为一些活泼物质的保护气被大量使用。

氪的用途比上面介绍的稀有气体更少一些，因为它的丰度没有氩高，而在

为数不多的能用得上它的地方（比如用作灯泡的填充气体，从而让灯丝的温度更高，发出的光更亮），氪或许做得比它好。也许发出青绿色辉光就是氪最大的特点了。

相比之下，氙则有着更多的闪光点。和其他同族元素一样，氙在被高压电击穿的时候会发出非常耀眼的白光，当灯泡内的气压稍稍下降一些时，这种辉光以蓝色为主。单反相机配备的热靴闪光灯就使用了氙灯泡，在大容量电容放电的瞬间产生耀眼的白光，照亮被拍摄的物体。

众所周知，稀有气体在常温常压下是以气态存在的，即便经过冷却，有的也无法在常压下变成固态（氦）。稀有气体变成的固体是无色透明的。我们不再花费过多的时间介绍稀有气体了，接下来看看我们熟悉的氮（7）和氧（8）吧。

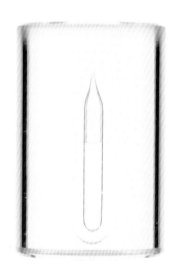

▲ 保存在石英管里面的液氙。所有气体在临界温度以下经过加压都会变成液态。对于稀有气体来说，只有氙的临界温度在室温范围内，而其他元素的临界温度都过低，无法得以展现。经过这样处理的氙是一种无色透明的液体。

▲ 充有五种稀有气体的玻璃管在高压电的激发下发出各种辉光，从上到下依次是氦、氖、氩、氪、氙，所对应的颜色分别是桃红色、橘红色、深紫色、青绿色、天蓝色。它们的颜色和玻璃管内部的气压也有一定的关系。

元素序号符号：(2) He	元素序号符号：(10) Ne
相对原子质量：4.002602	相对原子质量：20.1797
密度：0.1785 g/L	密度：0.9 g/L
熔点：−272.2 ℃	熔点：−268.928 ℃
沸点：−267.955 ℃	沸点：−246.046 ℃
原子半径：31 pm	原子半径：38 pm

元素序号符号：(18) Ar	元素序号符号：(36) Kr
相对原子质量：39.948	相对原子质量：83.798
密度：1.784 g/L	密度：3.75 g/L
熔点：−189.34 ℃	熔点：−157.37 ℃
沸点：−185.848 ℃	沸点：−153.415 ℃
原子半径：71 pm	原子半径：88 pm

元素序号符号：(54) Xe	熔点：−111.75 ℃
相对原子质量：131.293	沸点：−108.099 ℃
密度：5.9 g/L	原子半径：108 pm

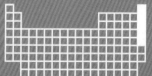

O
15.9994
Oxygen

氧

N
14.0067
Nitrogen

氮

氮在陆地上无处不在，在空气中也是一样。氮元素对植物的生长有着至关重要的作用，从初中化学讲到的侯氏制碱法到后来生物里面的生物固氮，可见氮元素对植物的重要性。

氮是空气的主要成分，我们在液化空气的过程中会获得大量液氮。液氮是非常好的冷却剂，温度可以达到约零下196摄氏度，足以使任何含有水分的物质变成硬块，容易破碎。当你的手接触液氮的时候，你会感到像被烫到一样。在短暂的接触中（比如把手快速伸进液氮中，然后抽出来），因为莱顿弗罗斯特效应[1]，你是不会受到任何伤害的。正因为如此，把手伸进液氮中成为了许多疯狂人士证明自己胆量的做法。

氮气和氢气（H_2）的反应深受老师的喜爱，因为它既是重要的工业反应，又涉及化学反应的平衡。氮气和氢气发生反应生成的氨（NH_3）在工业上十分重要，而氧气（O_2）和氢气发生反应生成的水（H_2O）对所有生命来说可是不可或缺的。

氧是地壳内含量最多的元素，和含量第二多的硅（14）形成了大量硅酸盐。我们的大气含有21%左右的氧气，我们无时无刻不被氧气包围着，我们的生命活动依靠氧气进行。我们体内的葡萄糖（$C_6H_{12}O_6$）不断地被氧气氧化成水和二氧化碳（CO_2），并释放出能量。所以，你才能在这里阅读和思考（你在思考吗？来思考一下）。

氧气在零下183摄氏度时会变成淡蓝色液体，那种美丽的淡蓝色往往让你联想到晴朗的天空（尽管天空的颜色和液氧的颜色没有任何关系）。液氧是一种很强的助燃剂，一些看上去很难燃烧的物质（比如金刚石，C）可以在带着火星的情况下在液氧中剧烈燃烧。液氧的低温不会淬灭火焰，火焰提供的热量反而会让液氧变成氧气，继续支持燃烧，释放出更多的能量来汽化液氧。液氧本身是不可燃的，可燃物只有在燃着的情况下才会和液氧发生剧烈的反应。

氧具有很强的氧化性。在和绝大多数物质形成的化合物中，氧都是负价——除了氟（9）。在氟的氧化物和含氧酸中，氧显0价甚至是正价。

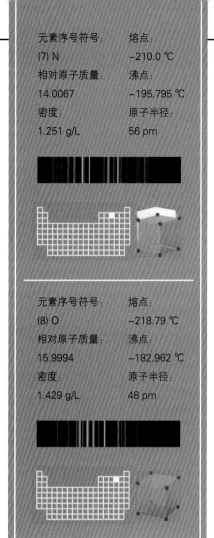

元素序号符号:	熔点:
(7) N	−210.0 ℃
相对原子质量:	沸点:
14.0067	−195.795 ℃
密度:	原子半径:
1.251 g/L	56 pm

元素序号符号:	熔点:
(8) O	−218.79 ℃
相对原子质量:	沸点:
15.9994	−182.962 ℃
密度:	原子半径:
1.429 g/L	48 pm

► 填充氮气的玻璃管，在高压电的激发下发出紫色辉光。氮气发出的辉光非常微弱，只有在黑暗环境下才能够看清楚。

◄ 氮有两种较为稳定的氧化物，其中一种是二氧化氮（NO_2），它是红棕色气体，在加压后变成液态。液态二氧化氮的颜色会随着温度变化而变化，在低温下呈浅黄色（左），在高温下呈红色（右）。

► 氮的另外一种氧化物则是无色的氧化亚氮（N_2O），在加压之后会变成无色液体。

◄ 沸腾的液氮和液氧，分别是无色透明和淡蓝色的液体。氮气和氧气是空气的主要成分。

▲ 硝酸（HNO_3）是由氢、氮、氧这三种元素组成的一种化合物，是一种常见的酸。

[1] 莱顿弗罗斯特现象是指液体不会润湿炙热的表面，而仅仅在其上形成一层蒸气。该现象由科学家莱顿弗罗斯特在 1756 年发现。

Cl
35.453
Chlorine
氯

F
18.998403
Fluorine
氟

刚刚说到，氧（8）具有很强的氧化性，但是在氟的面前就不算什么了。氧化性是指得到电子的能力，氧的最外层电子数是6，而氟更多，是7，加之氟的原子半径比氧更小，所以氟具有比氧更强的氧化性。

在室温下，氟气会和绝大多数物质发生反应并燃烧，往往将其氧化到最高价态。我们一般把氟气单质加压储存在用金属镍（28）制作的钢瓶中。前文讲过，这并不意味着镍不会和氟反应，只不过生成的二氟化镍（NiF_2）形成了钝化膜，保护剩下的镍不和氟气接触。说到这里，我有必要停一下。纯净的氟气在室温下并不容易出现自由基（单个氟原子），氟自由基过于活泼，存在时间甚至比氯自由基还要短。而氟自由基正是保证氟气反应活性的根本，因此在没有水或者氟化氢（HF）的情况下，氟气的反应活性就会大大减弱，甚至可以保存在用石英（SiO_2）制作的容器中。

氟在我们的生活中也是很常见的，尽管氟气单质十分活泼，但它在一次意外中形成并被人们发现的化合物特氟龙[聚四氟乙烯，$(C_2F_4)_n$]具有很多特殊的性能，包括良好的稳定性和耐腐蚀性。空调器中用的制冷剂氟利昂（$C_mH_nF_xCl_y$）就是碳氢化合物的氟、氯代物，所以空调器不制冷的时候，要加的"氟"不是氟气，而是氟利昂制冷剂。氟是一种听上去十分可怕的元素，不过氯会好得多，尽管这句话可能不会起到特别大的安慰作用。

氯气是一种黄绿色气体。当你第一次闻到它的时候，你会发现这种味道竟然是那么熟悉。游泳馆的味道？没错，

◀ 封存在玻璃容器里面的氟气和加压氯气，可以看到氯气明显的黄绿色以及氟气腐蚀玻璃的痕迹。

游泳馆中所使用的消毒剂和漂白剂含有氯，它们在发挥作用的时候会释放出一些氯气单质。尽管氯气的浓度极低，不会对人体产生伤害，但是那种特殊的味道会给你留下特别深刻的印象。氯气在低温和常温加压的情况下都会变成黄绿色的油状液体，那就是液氯。

氯气具有刺激性，它对人体产生的主要伤害是刺激黏膜。长时间暴露在一定浓度的氯气环境中会使人体受到损伤，甚至会导致死亡。不过，我们的生活始终离不开氯。食盐是我们的必需品，我们每天都要摄入一定量的食盐，以维持机体的正常活动。食盐就是氯化钠（NaCl），钠离子（Na^+）广泛存在于我们的体液中，被摄入的一部分氯离子（Cl^-）会成为胃酸，一部分进入我们的体内，成为一种普遍存在的阴离子，还有一小部分会被排出体外。其他钠盐吃起来都不像氯化钠那样可口，不是带有苦涩味（硫酸钠，Na_2SO_4）就是让人作呕[海藻酸钠，$(C_6H_7O_6Na)_n$]。

氯气单质的确十分危险，不过对我们来说很重要。下面的两种元素同样危险，但是对我们来说没有那么重要了。

▲ 这根玻璃管中填充的是经过加压的氯气，因此黄绿色十分明显。

▶ 呕吐石是一种紫黑色萤石，内部含有极少量经放射性元素发出的射线照射产生的氟气单质。

<table>
<tr><td>元素序号符号：
(9) F</td><td>熔点：
−219.67℃</td></tr>
<tr><td>相对原子质量：
18.998403</td><td>沸点：
−188.11℃</td></tr>
<tr><td>密度：
1.696 g/L</td><td>原子半径：
42 pm</td></tr>
</table>

<table>
<tr><td>元素序号符号：
(17) Cl</td><td>熔点：
−101.5℃</td></tr>
<tr><td>相对原子质量：
35.453</td><td>沸点：
−34.04℃</td></tr>
<tr><td>密度：
3.214 g/L</td><td>原子半径：
79 pm</td></tr>
</table>

▶ 加压形成的液氯是一种黄绿色的油状液体，被保存在硬质石英管里面，外面还用一层树脂进行加固。

Pm
[145]
Promethium
钷

Tc
[98]
Technetium
锝

云 克
锝[⁹⁹Tc] 甲
规格: 5m
[注意]

大多数人第一眼看到元素周期表的时候，总会下意识地看那些放射性元素。在许多常见金属之中，锝在此刻变得非常扎眼。锝的位置处于元素周期表中过渡元素的正中间，它周围的元素都有稳定的原子核，唯独它的符号被打上了红色。这听上去很让人费解，但是锝的确没有稳定的原子核，这是因为它的质子数是43，导致它无论和多少个中子结合都无法达到稳定状态。确切地说，这要归罪于锝前面的钼（42）和后面的钌（44）。根据马陶赫[1]提出的同重核理论，在前83种元素中，对于两个具有相同质量数的相邻元素的原子核，比如钼-97和锝-97、锝-99和钌-99，二者中必然有一个不稳定，也就是说至多有一个是稳定的。不幸的是，钼-97和钌-99是稳定的，因此锝-97和锝-99就成了不稳定的核素。锝的所有核素都被它前后的元素抢走了稳定的结构，所以锝没有一种稳定的核素。在此之前，从来不会有人会向你解释清楚锝为什么具有放射性。这也许是你第一次听说马陶赫理论。不过这个理论也有例外，科学家找到了几对看上去都很稳定的核素，只不过它们中的一个半衰期太长了，没有办法测出来。这就不属于这里应该讨论的内容了。

由于锝具有放射性，而且单质没有任何实际用途，因此它是第一种无法收集到单质的元素。这很让人懊恼，不

收集锝和钷的样本是极为艰难的事情。好在锝有用于制造治疗类风湿性关节炎的注射液，而钷则只能借助荧光涂料发挥作用。这些荧光涂料往往都是在很多年前被生产出来的，而由于钷的半衰期不长，我也不知道这根表针现在还含有多少钷，不过它至少还会发光。

过锝在医疗方面的特殊用途提供给了人们接触它的机会。锝-99能够在进入人体以后调节免疫机制，抑制破骨细胞的活性，促进成骨细胞增殖，从而修复关节。这种注射液的A剂的主要成分是高锝酸钠（$NaTcO_4$），在和B剂混合之后被还原，然后被注射到患者的体内。而钷则不能进入人体内。

根据马陶赫的同重核理论，钷前面的元素钕（60）和后面的元素钐（62）又毫不客气地"瓜分"掉了这它的所有稳定核素，因此地球在形成初期所生成的钷早已经衰变殆尽，在地球上的矿石中寻找钷是非常不切实际的事情。

曾经有段时间生活中充斥着关于放射性的各种字眼，大量商品采用具有放射性的物质，并利用它们的放射性，比如具有发光效果的含镭表针。放射性镭（88）的化合物在和荧光物质混合在一起的时候，其衰变所产生的射线能够激发荧光物质，从而发出可见光。由于衰变是不断进行的，因此发光也一直持续，直到亮度降低到人们观察不到为止。

放射性物质终归对人体有害，散落的镭涂料会渗入地板的每一个角落，不仅非常难以清理，而且在很长的一段时间内都会发射非常强烈的射线。镭的半衰期是1600年，也就是1600年后，当这块地板可能已经被烧成灰烬回归自然（或许没有）时，其表面沾染的镭才衰变了一半。这可不是一件好事。因此，缩短这种放射性物质的半衰期，使它即便泄漏了也能够自生自灭，那么情况就会好很多。于是，人们看上了刚刚发现并能从核反应堆中大量获得的钷-147。它的半衰期是2.6年，衰变的

时候会发射低能的射线激发涂料，并在泄漏5~10年后就不再产生任何危害。这种做法听上去妙极了，但人们很快又发现，与其不断地缩短涂料的半衰期，不如让它变成一种气体，即使涂料泄漏了也会迅速地扩散开来，这样就可以把危害降到最低水平。于是，氢（1）的一种核素氚就这样上任了，而且表现得不错。

人们最后发现，与其使用有害的放射性物质，不如使用磷光物质。它们在白天吸收日光的能量，在夜间缓慢地将其释放出来。没人认为只在晚上发光和全天候发光的物质在工作效率上有什么不同，不过人们还是倾向选择前者，因为放射性物质在人们心目中的形象已经发生了变化，而钷只不过是这个变化过程中的一个牺牲者而已。与此类似，人们也多次想摆脱汞（80）给他们带来的烦恼，但似乎还没有成功。

元素序号符号: (43) Tc	元素序号符号: (61) Pm
相对原子质量: [98]	相对原子质量: [145]
密度: 11.5 g/cm³	密度: 7.264 g/cm³
熔点: 2157 ℃	熔点: 1042 ℃
沸点: 4262 ℃	沸点: 约3000 ℃
原子半径: 183 pm	原子半径: 205 pm

[1] 约瑟夫·马陶赫（1895 — 1976），德国物理学家。

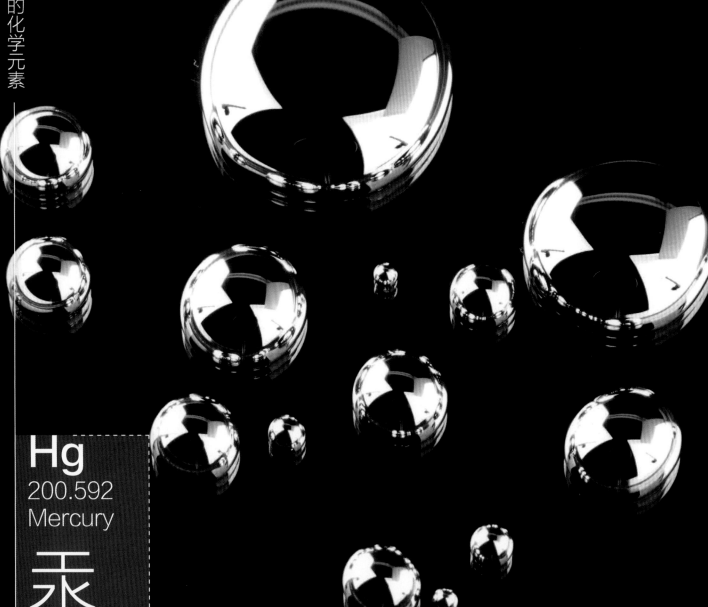

Hg
200.592
Mercury

汞

其他金属在室温下都是固体，唯独汞是一种液体。作为一种液态金属，汞具有良好的流动性，而且在一定温度范围内能够使体积稳定地增大，于是人们就把它用在了温度计里。正因为有着这种广泛的用途，人们都能够接触汞，而且汞的独特性质会给人们留下深刻的印象。

还记得打碎体温计的时候，大人们曾显得多么恐慌吗？脱离了玻璃管束缚的汞在散落到地上之后会变成无数个碎珠，甚至渗透到角落里。这时就需要以最快的速度把它收集起来，比如我妈妈会从桌上抓起一张名片把它们"铲"起来。看着银白色金属液滴在纸面上流动，真的再美妙不过了。但是，大人们这么紧张也是有原因的。

汞作为一种金属，既有熔点也有沸点，而且它的沸点很低。更不幸的是，汞在常温下会挥发出有毒的蒸气。汞蒸气进入人体内会积累，对神经产生难以逆转的危害。这真是太不好了，如果没有毒的话，汞能够凭借闪亮的外表、像水一样的流动性和难以置信的密度，成为一代又一代人的玩具。

但是汞终究是一种有毒元素，现在我们需要认真探讨一下它对环境的危害。汞对环境的危害很大。日本曾经爆发水俣病。汞的有机化合物在被排放到海洋中之后被鱼类吸收，并按照食物链累加（比如，一条金枪鱼吃了几条体内含有汞的化合物的小鱼，那么这几条小鱼体内的汞就会累积到这条最后会被人类吃掉的金枪鱼的体内），最终被人类摄入，引发病情。在许多工业领域中，

汞都扮演了非常重要的角色，尤其是用于制造荧光灯、开采金矿和补牙（牙科用汞是汞最方便的来源之一）。废弃物被排放到自然界中会造成非常严重的污染。几年前，人们曾就含汞电池对水土的污染发生激烈的争论，最终用其他性能更加优良的电池替代了它。其实，打碎的体温计也是汞污染的来源之一。人们曾经试图寻找合金材料替代汞，但是它们的表现终归不如汞。比如，一种已经在国外投入使用的镓合金具有许多优点，但是它会附着在普通的玻璃上。总之，目前没有任何一种无毒材料能够替代汞。

好了，到这里这本书中所涉及的化学元素就介绍完了。至于剩下的那几种，它们都是具有放射性的、对人类来讲或多或少都有危险的元素了。我想，停在这里大概就好了。这一路走来，我们见识了不少元素的真实样貌，最后停在一种在室温下呈液态的元素这里。汞或许比那些只有文字记载、人们合成出来的元素要好。我并非不尊重那几种元素，只是相比之下，我认为存在于我们身边的元素更可爱一些。这也是我想用这些银白色的液体颗粒而不是庄严的画像、徽标来结束这一章节的原因。

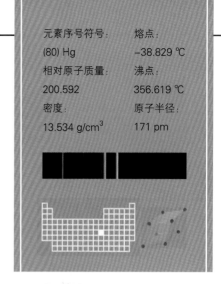

元素序号符号：	熔点：
(80) Hg	−38.829 ℃
相对原子质量：	沸点：
200.592	356.619 ℃
密度：	原子半径：
13.534 g/cm³	171 pm

◀ 一瓶红色氧化汞（HgO），过去人们通过这种化合物第一次制备出了氧气（O₂）。

▶ 用来制作牙科合金的汞。

◀ 使用汞的体温计，还是很常见的东西。

▼ 利用汞的流动性制作的水银开关。

▼ 生长在基岩上的一块朱砂，这种红色矿石是天然形成的硫化汞（HgS）。

◀ ▲ 散落在玻璃板上的汞。汞在常温下呈液态，经过冷却之后会变成有延展性的金属，但是温度较低的金属表面非常容易让空气中的水蒸气凝结，从而把金属光泽遮住。这些由于表面张力而形成的液滴看上去很可爱，但是美丽的外表之下潜藏着危险。

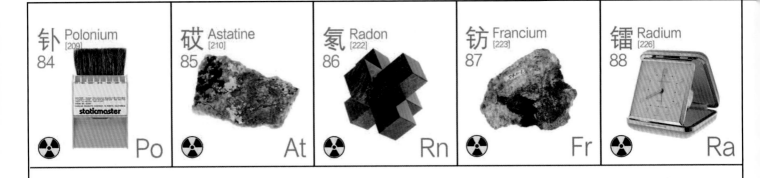

附录 1　放射性元素

　　说到底，这是一本关于化学元素的书，对于元素周期表后面的那些放射性元素只字不提，也有一些不合适。因此，我在这里安排了两个页面介绍它们。

　　从铋（83）开始，后面所有元素原子核的结构越来越复杂，大量带有正电荷的质子堆积在一起，它们相互间的排斥力使得原子核无法继续稳定地存在。这时，原子核就有衰变的趋势了。这是一种物理性质。不管是单质形态还是化合物形态，放射性元素都会通过不同的衰变形式逐步变成稳定的元素。

　　衰变是放射性元素的一个重要性质，这使得我们在一些场合可以接触它们。比如，镅（95）在衰变的时候会让周围的空气电离，因此可以用在烟雾报警器中探测烟尘颗粒。放射性元素还有一些其他应用，比如利用放射性产生具有能量的射线照射并杀死癌变细胞，利用放射性元素使空气电离而消除静电。

　　放射性元素十分危险。首先，放射性元素在被摄入人体后会对人体组织产生内照射——这是无法逆转的损害。如果无法将摄入的放射性元素清除掉，损伤将会一直持续下去。其次，它们都属于对人体有严重生物毒性的重金属，因此要尽量避免接触这些元素。

　　放射性元素的特殊性质使得它们在实际生活中也有一定的应用，或者成为一些重要的试剂，使得我们还有机会一睹部分元素的真容。不过，最后几种元素的半衰期太短了，除了填充元素周期表中的空格，纪念一些科学家或者实验室所在的城市、国家以外，就没有什么用途了。

锕 Actinium [227] 89	钍 Thorium 232.038 90	镤 Protactinium 231.036 91	铀 Uranium 238.029 92	镎 Neptunium [237] 93
☢ Ac	☢ Th	☢ Pa	☢ U	☢ Np
钚 Plutonium [244] 94	镅 Americium [243] 95	锔 Curium [247] 96	锫 Berkelium [247] 97	锎 Californium [251] 98
☢ Pu	☢ Am	☢ Cm	☢ Bk	☢ Cf
锿 Einsteinium [252] 99	镄 Fermium [257] 100	钔 Mendelevium [258] 101	锘 Nobelium [259] 102	铹 Lawrencium [266] 103
☢ Es	☢ Fm	☢ Md	☢ No	☢ Lr
𬬻 Rutherfordium [267] 104	𬭊 Dubnium [268] 105	𬭳 Seaborgium [269] 106	𬭛 Bohrium [270] 107	𬭶 Hassium [269] 108
☢ Rf	☢ Db	☢ Sg	☢ Bh	☢ Hs
𫓧 Flerovium [289] 114	镆 Moscovium [290] 115	𫟼 Livermorium [293] 116	础 Tennessine [294] 117	𫓧 Oganesson [294] 118
☢ Fl	☢ Mc	☢ Lv	☢ Ts	☢ Og

附录 2　晶体相关知识

我想在这里解释一下"晶体"以及这本书在介绍不同元素时所涉及的"晶系"这两个概念，相信它们有助于你对这本书的理解。当然，这些基本概念只是作为学术参考，如果你认为把前面展示的元素的结晶当作艺术作品来欣赏更合适一些，就可以将这些概念完全放下不管。

晶体是一个经常被提到的化学术语。在这本书中，它指的是构成元素单质的最小单位原子（在少数情况下是分子，我们在这里先按照原子进行处理）在三维空间内按照一定的规律，周期性重复排列而形成的物体。一个宏观的完美晶体结构可以被看作多个"重复单位"朝各个方向的堆叠，而每一个重复单位的化学组成、空间结构都是相同的，即任何一个重复单位经过平移都可以完美地和这个晶体中的其他重复单位重合。由于晶体内部结构的周期性，我们把它按照构成最简单的重复单位划分成一个个大小和形状完全相同的平行柱体（大多数都是四棱柱），称之为"晶胞"。晶胞是一种三维点阵，而里面的原子则是一个个点阵点。我们可以借助一些立体几何方法来研究它。

由于晶胞重复排列的缘故，每一个晶胞中含有的原子按照以下这种方式进行计数：顶点处的原子按1/8计，棱上的为1/4，面上的为1/2，而内部的有一个算一个，直接计数。图1所示为面心立方的晶胞，顶点上共有8个原子，那么只计算左前方的一个原子，因为剩余顶点上面的7个原子分别来自与这个晶胞的顶点接触的其他7个晶胞左前方的原子。同理，面上一共有6个原子，算作3个，剩余的3个来自和这个晶胞有着面接触关系的其他3个晶胞上同样的位置。如果把这个弯弯绕过来了，晶胞原子计数对于你来说就易如反掌了。因此，这个面心立方的晶胞中一共有4个原子。

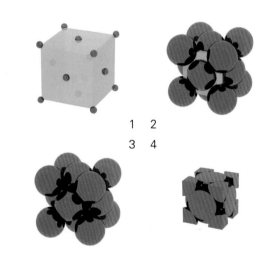

1　2
3　4

▲　如果前面介绍的计数法则让你有些摸不着头脑，你也可以试试用下面这种直观的方式来理解。当我们把晶胞中的每个原子放大之后，可以得到图2。这时，我们把晶胞的边框去掉，得到图3中紧密堆积的原子。在按照面心立方堆积的时候，它们彼此互相紧贴。当需要计算数量的时候，我们就按照晶胞的轮廓进行切割，得到图4。经过切割后，留在晶胞内部的原子为8个位于顶点的1/8原子和6个位于面上的1/2原子。

空间坐标系

既然涉及三维结构，我们就需要用空间中的坐标和向量来描述一个晶胞，这就是"晶胞参数"。在相邻的两个晶胞中，处在每个晶胞中同一位置的原子都是经过水平移动得到的。我们借助右手系，将前后（x）、左右（y）和上下（z）分为三个不平行的单位矢量$\vec{a}$、$\vec{b}$、$\vec{c}$，而矢量的长度$|\vec{a}|$、$|\vec{b}|$、$|\vec{c}|$间接地反映了一个晶胞的大小。如果一个晶胞顶点的那个原子需要向上移动比较大的距离才能够和它正上方的晶胞中所对应的位置重合，那么$|\vec{c}|$就比较大，代表晶胞的竖直高度比较大。其他同理。

这三组矢量之间有一定的夹角，我们用 α、β、γ 来表示，即 α 是$\vec{b}$、$\vec{c}$之间的夹角，β 是$\vec{a}$、$\vec{c}$之间的夹角，γ 是$\vec{a}$、$\vec{b}$之间的夹角。当 $\alpha = \beta = \gamma = 90°$时，晶胞的形状就是最常见的长方体。如果此时$|\vec{a}| = |\vec{b}| = |\vec{c}|$，三条边的长度完全相等，它就是正方体了。所以，有了$\vec{a}$、$\vec{b}$、$\vec{c}$和 α、β、γ，我们就能够准确地描述一个四棱柱晶胞的形状了。

如果晶胞不是四棱柱，我们还需要借助其他参数，你会在后面见到这样的例子。

▼ 常见的空间坐标轴，这里采用的是右手系，即 x 轴和 y 轴按逆时针方向分布。

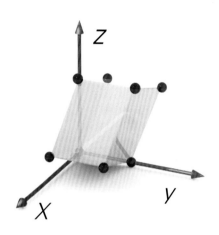

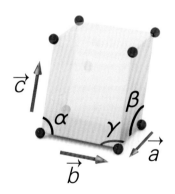

▲ 将任一晶胞放入参考系内，我们就可以描述它了。注意，并非每条棱都要和参考系的坐标对应，但是在描述晶胞的时候，我们要保持矢量沿着该棱的方向分布。

对称性

我们再讲一下对称性，先引入"旋转轴"的概念。对称性是指一个物体绕旋转轴旋转一定角度后可以和旋转之前的自身完全重叠。我们还要把这个角度和轴对应上。正六边形的对称性比较高，经过它的中心的每一条对角线都是它的一条旋转轴。正六边形围绕旋转轴旋转60°之后会和自身重合。当旋转角度是360°/n时，我们便把这条旋转轴称为"n次旋转轴"。根据这本书涉及的晶胞结构的周期性，旋转轴只有一次旋转轴、二次旋转轴、三次旋转轴、四次旋转轴和六次旋转轴5种。正六边形对应的是六次旋转轴。旋转轴是用来描述晶胞对称性的一种工具。

不同晶胞的参数不同，但是它们都归属于7种结晶形态，即七大晶系。在这本书中介绍化学元素的单质结晶时，除了三斜晶系，其他晶系都有所涉及。下面看一看它们的基本性质。

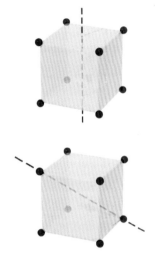

▲ 立方晶系是标准的正方体，经过每个侧面的中心的直线是四次旋转轴，体对角线是三次旋转轴。

▼ 对称性稍差的四方晶系只有一对侧面是正方形，因此经过这对侧面的中心的直线是四次旋转轴，而经过其他侧面的中心的直线是二次旋转轴。

▲ 对于正六边形来说，垂直贯穿正中心的直线就是六次旋转轴。每旋转 60°，每一条边都能够和下一条边原来所在的位置重合。

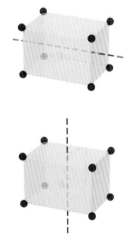

七大晶系

立方晶系：$|\vec{a}| = |\vec{b}| = |\vec{c}|$，$\alpha = \beta = \gamma = 90°$，具有最强的对称性，四条体对角线是三次旋转轴。根据立方体的表面或内部有无额外原子，我们将其分为简单立方、面心立方和体心立方。

四方晶系：$|\vec{a}| = |\vec{b}| \neq |\vec{c}|$，$\alpha = \beta = \gamma = 90°$，可被视为长方体，相邻的四个柱面是一样的，特征是具有一条四次旋转轴。

正交晶系：$|\vec{a}| \neq |\vec{b}| \neq |\vec{c}|$，$\alpha = \beta = \gamma = 90°$，三条边的长度完全不相等，具有三条相互垂直的二次旋转轴。

单斜晶系：$|\vec{a}| \neq |\vec{b}| \neq |\vec{c}|$，$\alpha = \gamma = 90°$，$\beta \neq 90°$，只有一条二次旋转轴。

三斜晶系：$|\vec{a}| \neq |\vec{b}| \neq |\vec{c}|$，$\alpha \neq \beta \neq \gamma \neq 90°$，没有任何限制，晶胞是任意的平行六面体。如此随意的参数导致它具有最低的对称性，只有一次旋转轴。

三方晶系：又称作菱面体晶系，$|\vec{a}| = |\vec{b}| = |\vec{c}|$，$\alpha = \beta = \gamma \neq 90°$，由6个菱形侧面组成，特征是有一条三次旋转轴。

六方晶系：$|\vec{a}| = |\vec{b}| \neq |\vec{c}|$，$\alpha = \beta = 90°$，$\gamma = 120°$，即底面为正六边形的棱柱的1/3，特征是有一条六次旋转轴。

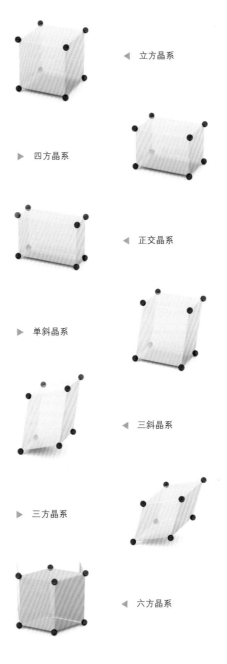

◁ 立方晶系

▶ 四方晶系

◁ 正交晶系

▶ 单斜晶系

◁ 三斜晶系

▶ 三方晶系

◁ 六方晶系

附录3 量子力学相关知识

量子力学是研究物质世界中微观粒子运动规律的物理学分支，它的应用很广泛，而对于这本书来说，它最大的意义就是决定了元素周期表是什么样子。

可以说元素周期表的形状已经刻印在了我们的大脑里。不管在哪里见到这个形状，我们都可以在第一时间认出它来。最早的元素周期表是由门捷列夫总结的，他根据当时已经被发现的化学元素表现出的一些周期性对它们进行分组、归类，从而得到了元素周期表。元素周期表的发现有一些运气成分，但是它的结构是由实打实的理论支撑起来的。

在元素周期表中，各种元素是按照它们的核外电子数进行区分的，处于最外层的电子数量是决定这种元素性质的主要因素，而元素周期表的不规则缺口使得最外层电子数相同的元素被排列到了一起。

这些电子在逐渐增加的时候，会按照一定的规律排布，否则就不会出现周期性规律。因此，我们很轻松地在元素周期表上面的"缺口"和电子围绕原子核分布的方式之间建立起了联系。

本书的开头提到过，原子核周围的电子分布在被叫作"电子云"的"轨道"上。它和我们的印象中的轨道不太一样，但是这样说简单一些。量子力学有一个很关键的基本理论：两个粒子不可能同时处于完全相同的量子态。这意味着这些"轨道"容纳电子的能力有限，不会出现所有电子全部挤在一条轨道上的情况。电子有一个基本性质：自旋。自旋分为向上和向下，这是两种不同的状态。因此，一条给定的轨道可以容纳两个电子，它们分别向上自旋和向下自旋。我们再来看一看这些轨道，或许元素周期表形状的谜团就被解开了。

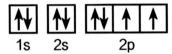

▲ 氧（8）的轨道表示式，新增加的电子正在填充2p轨道。

就目前发现的元素所占用的轨道来看，一共有4种轨道：s、p、d、f。其中，s轨道只有一种，它是一个球体；p轨道有三种，两个球体分别被三条坐标轴串起来（就像一串鱼丸）；d和f轨道分别有5种和7种不同的类型，如下图所示。

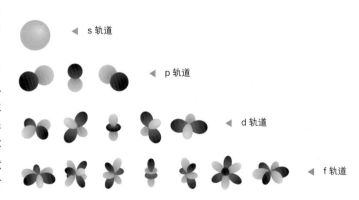

◀ s轨道

◀ p轨道

◀ d轨道

◀ f轨道

能级排布

当有新的电子加入的时候，它会排布到能量最低的轨道上。电子就是按照这个规律依次填入各条轨道的。从氢（1）开始，它的电子分布在1s轨道上。下一种元素氦（2）新增的一个电子也被放在了1s轨道上，但是它的自旋方向和原先的那个电子相反。现在1s轨道已经被填充满了，新加入的电子只能依次填充能级更高的2s、2p、3s、3p轨道了。3d轨道的能量大于前两者。在比较4s、4p和3d的能级时，它们的大小关系是4s<3d<4p，因此电子会先填充4s轨道，然后填充3d，最后填充4p。这里有两个规律：在同一类轨道上，电子层数多的能量大于电子层次少的，比如2s轨道的能量大于1s轨道；在同一电子层中，轨道能量的大小关系是f>d>p>s。根据不同的轨道能量，我们会得到左下图所示的填充顺序。如果把该图按照对应的轨道数量、所容纳的电子数量展开，那就得到了我们熟悉的元素周期表。当然，并非所有元素都是按照我们在这里介绍的规律进行排布的，其他一些因素可能会导致个例的出现。为了解释它们，就会出现一些新的理论。在科学界，一个简单的理论很难完美地解释所有现象，此时再提出一个理论就好了，这里介绍的理论都是用来解释元素周期表为什么是这个样子的。到了这里，相信你已经明白元素周期表形状的由来了。

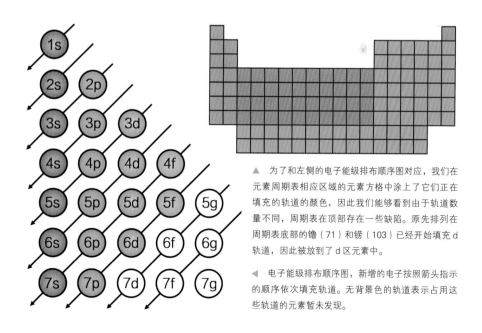

▲ 为了和左侧的电子能级排布顺序图对应，我们在元素周期表相应区域的元素方格中涂上了它们正在填充的轨道的颜色，因此我们能够看到由于轨道数量不同，周期表在顶部存在一些缺陷。原先排列在周期表底部的镥（71）和铹（103）已经开始填充 d 轨道，因此被放到了 d 区元素中。

◀ 电子能级排布顺序图，新增的电子按照箭头指示的顺序依次填充轨道。无背景色的轨道表示占用这些轨道的元素暂未发现。

作者的故事

在这里，我想聊一聊自己是如何走上这条道路的。我记得自己最早是在2011年刚上初二的时候接触化学的。我的化学老师很好，我们是他在退休之前带的最后一届学生。也许是因为这一点，他让我们几个喜欢化学的同学"玩"得非常开心。

当时，老师的桌子上有人民教育出版社出版的一套化学必修教材。有一次，我在无意间翻开之后看到了一张实物化学元素周期表，当时它给我留下了很深刻的印象！想一想，图片中的百余种元素组成了我们在生活中接触的种种事物，真的很有意思。从那以后，我就萌生了自己收集元素样品，制作一张实物元素周期表，看看这些元素的真实样子的想法。收藏元素这个特殊爱好后来也得到了老师的支持，于是我收集到了一些简单的元素样品，比如从学校实验室中获得了铜（29）和碘（53）的样品。那是我最早收集的样品。

随着收藏的深入，我开始寻找相关题材的书籍。后来，我接触了西奥多·格雷编写的《视觉之旅：神奇的化学元素》。在欣赏那些让我感到新奇的样品的同时，我也从中学习了不少关于元素的知识。这本书好像为我打开了一个新世界的大门，让我一下子接触了许多新奇的事物，也让我知道原来那些纯净的元素样品在我们的日常生活中十分常见。我并没有像他一样特意收集一些和现实生活相关的元素样品，对于我来说，了解一些元素背后鲜为人知的、课本没有提及的知识非常有趣。

或许是《视觉之旅：神奇的化学元素》这本书的问世，让元素收藏在国内迅速升温。在那段时间里，出现了不少同好以及售卖专供收藏的元素样品的商家，这使得我收集样品的速度变快了很多。同时，我也借助互联网上的资源，联系到了许多原本只在书本里和网站上看到的爱好者。到现在，我已经投入了10年的精力到这个爱好里，所收藏的样品放置在我的不同住所的柜子里。粗略清点一下，我发现手头的纯净元素样品已经近1000个了。我知道，这个数字还会变大。我会继续寻找自己喜欢的样品，并把它们添加到自己的收藏中。

对我而言，这是在收藏，而不是简单的拼凑、收集。我把这当作一种获得乐趣的方式，很享受在寻找和购买样品之后等待包裹到达、把样品陈列好、拍出漂亮的照片以及记录下其背后的信息这个过程。我感到十分快乐，也希望通过分享它们，让其他人尤其是像我在刚刚接触化学时那样的学生喜欢上化学。如果那个时候有更多这样的样品帮助我进一步认识化学，我想它会让我在接下来继续学习化学的这段时间（或许是三五年，或许更久）变得更加充实。而对于一些对化学缺乏了解的人，如果他们能够通过我的作品对化学有一些积极的认识，那么我觉得我付出的努力就值得了。

▶ 作者正在整理自己的收藏。

尾　声

好了，这就到这本书的尾声了。限于我的能力以及诸多客观因素，这本书并不能涵盖所有元素最顶尖的样品，其中有不少地方我觉得还能够做得更好。不过，我对于自己能够完成这样的工作已经感到十分欣慰了。这是个大工程，也是我的第一次创作。在这个过程中，我遇到并解决了不少困难。

在这里，我想感谢在这本书制作过程中帮助过我的亲友。首先感谢我的父母，他们允许我拥有这个独特的爱好。有句话说得好，不反对也是一种支持。在这本书的创作过程中，我得到了他们比以往更多的支持和理解。

感谢美丽科学团队的梁琰、高昕、朱文婷老师和他们的同事。如果没有他们，我或许就不会产生创作这本书的想法。他们慷慨地把显微摄影设备和实验室借用给我使用，让我在拍摄、处理样品的时候有种重新回到中学在实验室中做实验的感觉，那种感觉真的很棒。除此之外，我在这本书的创作过程中和几位老师交流了许多创作科普作品的心得。

杨帆是我在科普领域中的挚友，也是我的启蒙老师，他对本书的许多照片和内容提出了许多宝贵的修改建议，并帮助我制作了一些渲染效果图。感谢在中学时期陪伴我学习化学的程同森、兰玉茹老师，他们让我觉得化学如此有趣。接下来感谢这本书的编辑刘朋和韦毅老师，这本书的问世在很大程度上得益于二位老师所付出的努力。此外，感谢在这本书的写作过程中提供帮助的高铭、郑家胤同学以及为本书的排版设计做出贡献的柳雯同学。

下面介绍本书所展示样品的提供者。感谢美国的伊桑·库仑斯（Ethan Currens）和德国的海因里希·普尼亚克（Heinrich Pniok），他们是我所认识的两位最有资历的化学元素收藏家，在给出一些学术参考的同时，还提供了许多宝贵的样品。如果没有他们，这本书将会失去很多光彩。感谢波兰的托马斯·奥尔谢夫斯基（Tomasz Olszewski），他在得知我的写作需求之后提供了许多精致的元素样品；感谢英国的伊万·季莫欣（Ivan Timokhin）和中国的初书宇、张幸榕、李彦喆、张若愚，他们也提供了一些各自为元素收藏者专门制作的独特而别致的样品。还有许多提供了样品的商家、同好，他们的帮助让这本书的内容更为丰富。很遗憾我不能在这里把他们全部列举出来并一一致谢。

我想，这部作品已经完成了。不管以后我是否会创作其他作品，我至少完成了一件让自己满意的事情。最后，我要感谢你们的关注和支持，期待能够在不久的将来再度与你们在书中相见。

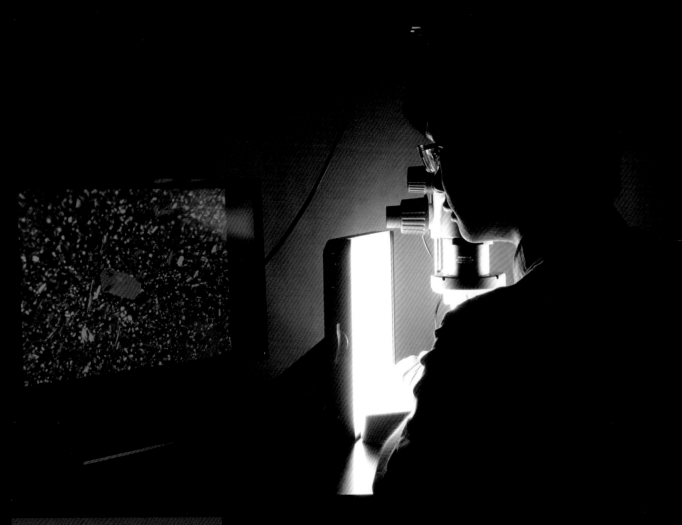

作者正在实验室中用显微镜拍摄书中的配图。

参考文献

[1]Addison C. *The Chemistry of the Liquid Alkali Metals*[M]. Hoboken: Wiley, 1984.

[2] Greenwood N, Earnshaw A. *Chemistry of the Elements*[M]. New York: Elsevier, 2012.

[3] Haynes W. *CRC Handbook of Chemistry and Physics*[M]. Cleveland, Ohio : CRC Press, 2017.

[4] Philip E, et al. Coulomb Explosion During the Early Stages of the Reaction of Alkali Metals with Water[J]. *Nature Chemistry volume*, 2015, 7: 250-254.

[5] Rolston R. *Iodide Metals and Metal Iodides*[M]. New York: John Wiley & Sons, Inc., Publishers, 1962.

[6] Sato K, et al. Characterization of Orientation-Dependent Etching Properties of Single-Crystal Silicon: Effects of KOH Concentration[J]. *Sensors and Actuators A*, 1988, 64.

[7] 宋天佑. 无机化学[M]. 第四版. 北京：高等教育出版社，2019.

[8] Wermink W., et al. Sulfur Solubilities in Toluene, o-Xylene, n-Xyleene and p-Xylene at Temperatures Ranging from 303.15 K to 363.15 K[J]. *The Journal of Natural Gas Engineering*, 2018, 71.

[9] 张青莲. 无机化学丛书[M]. 北京：科学出版社，1987.